湘味

高等职业教育烹饪工艺与营养专业教材

U0825613

湘点一体化教程

INTEGRATED COURSE OF HUNAN PASTRY

王　庆　张　芝 / 主编

中国轻工业出版社

图书在版编目（CIP）数据

湘点一体化教程 / 王庆，张芝主编. —北京：中国轻工业出版社，2024.9

ISBN 978-7-5184-3348-3

Ⅰ.①湘… Ⅱ.①王… ②张… Ⅲ.①湘菜—烹饪—高等职业教育—教材 Ⅳ.①TS972.117

中国版本图书馆CIP数据核字（2020）第259099号

责任编辑：贺晓琴

文字编辑：秦宏宇　　责任终审：高惠京　　设计制作：锋尚设计

策划编辑：史祖福　贺晓琴　　责任校对：朱燕春　　责任监印：张　可

出版发行：中国轻工业出版社（北京鲁谷东街5号，邮编：100040）

印　　刷：艺堂印刷（天津）有限公司

经　　销：各地新华书店

版　　次：2024年9月第1版第1次印刷

开　　本：787×1092　1/16　印张：15.75

字　　数：322千字

书　　号：ISBN 978-7-5184-3348-3　定价：68.00元

邮购电话：010-85119873

发行电话：010-85119832　010-85119912

网　　址：http://www.chlip.com.cn

Email：club@chlip.com.cn

200318J2X101ZBW

本书编写人员

主　　编　王　庆　张　芝

副 主 编　张　艳　戴梦洁　李　娜　朱瑶瑶

参　　编　陈新欣　何秀满　余志勇　言金鱼
　　　　　马　茹　谭政香

技术顾问　张　虎

序言

历史与自然眷顾湖湘大地，给湖湘饮食留下了太多的历史人文与自然物产。在湖南永州道县玉蟾岩遗址中发现了距今1.2万～1.4万年的稻谷遗迹，在湖南澧县彭头山发现了距今约8000年的人工栽培稻，这些考古发现充分证明了湖南地区是我国稻作文明发源地之一。

在战国时期，爱国诗人屈原被贬逐于湖南境内的湘江流域。在此地，屈原完成了《楚辞·招魂》和《楚辞·大招》两篇不朽之作，这些作品在中国文学史上获得了极高的赞誉，也留下了湘人最初的饮食记忆。文中大量描述了湘人祈天地、礼鬼神、祭先祖、宴宾客等民风民俗，并详细地列举了当时湘人上流社会的饮宴情况，罗列出的各种肴馔组合为我国历史上的宴席菜单提供了文学记录。

在《吕氏春秋·本味篇》中就已经有“云梦之芹”“洞庭之鳟”“醴水之鱼，名曰朱鳖”等湖湘食材的记载，这说明在战国时期，这些湘菜中常见的食材就已经具有一定的社会影响力与知名度。

在西汉时期，长沙成了封建王朝政治、经济和文化较集中的一个主要城市，该地域物产丰富，经济发达，烹饪技术已发展到一定的水平。严格来讲，从西汉开始，湘菜就已经从“楚国”的饮食区域中真正的脱离出来，并开始逐步形成具有鲜明特征的湖湘饮食。

在湘菜文化界，最具震撼力与影响力的当数1972—1974年间出土的长沙马王堆汉墓。在马王堆三号汉墓中出土的一批帛书、简书当中，有一半是关于食物、养生与医学的记载。在马王堆一号汉墓中出土了312枚遣策，其中记载了近150种食物，10余种烹调方法及橘皮、花椒、姜、豆豉、葱等湘菜中常用的调味料，在这些记载中，关于菜肴品种就多达77款。1999年出土的沅陵虎溪山一号汉墓（墓主人为长沙王吴臣之子、汉初所封沅陵侯吴阳）中，又发掘出千余支竹简，共计3万余字，其中有三分之一是记载湖湘饮食的，共收录了148份饭菜谱，仅羹品就有30余种。因此，这些竹简被后人命名为《美食方》。

在唐代，湖湘大地成了文人墨客“不到潇湘岂有诗”的精神圣地，在宋、元、明时期，随着湘菜饮食行业的兴起，湘菜行业的发展迈入了黄金时代。清代、民国时期，湘菜随着湘军的兴起迎来了全盛时期。现如今，人们更愿意将湖南菜称为“湘菜”，湘菜已成为当今国内最受欢迎的地方风味菜之一，甚至有人讲，“在中国只要有餐饮的地方，就有湘菜馆”。

回顾湘菜的发展历史，我们发现，在岁月长河中，湘菜一路前行，历经了平淡、起伏、变革与沉淀，至今，湘菜依然熠熠生辉，光耀照人。探其原因，是湘菜的这种热烈、刺激的味觉特点早已与湘人骨头里的不畏艰难、勇往直前、敢为人先、豪放不羁的精神性格相融合。这说明湘菜不仅停留在湘人的舌尖，也烙在了湘人的心里，不论湘人到何地，湘菜始终是湘人心中无法忘却的乡愁。

湘菜到底有什么魅力，能让消费者如此青睐？我想，无外乎是湘菜味道具有的强大的味蕾征服力。湘菜讲究入味，尤重酸辣、咸香、清香、浓鲜，让人食前垂涎三尺、食欲大开，食后回味悠长、流连忘返。

湘菜相对于其他地方菜，其最大特色是什么？仍为“辣、腊”二字。饮食界泰斗聂凤乔先生曾精辟地讲出，湖南的厨师擅长驾驭酸辣，根据市肆、服务对象、地域、季节、菜式等诸多因素，能使酸辣分清浓层次，使它们恰到好处，湖南厨师善于掌握辣椒“盖味而不抢味”的特性，让食客在辣味的衬托下品尝百味。开放的辣与收敛的酸相互制约、相互协调，成为湖湘人民从饮食中获取养生保健的一种方式，也是湖湘饮食文化的内涵之一。

弘扬湖湘饮食文化，传承湘菜传统技艺，离不开湘菜职业教育。1974年，湖南省株洲市在省内率先开办了湘菜职业教育，创办了株洲市商业技工学校（湖南省商业技师学院的原名），成了我省湘菜职业教育的发源地。湖南省商业技师学院历经45年的积累沉淀，通过几代教职工数年如一日的严谨治学、辛勤耕耘，学校在湘菜职业教育领域中取得了丰硕的成果，培育了数以万计的湘菜高技能人才，被行业誉为“湘菜教育的黄埔军校”“烹饪大师的摇篮”。

湘菜文化源远流长，但还一直缺乏系统的挖掘与整理，喜闻湖南省商业技师学院从2017年开始组织人员，精心编写一整套“湘菜”系列教材，在众多教师的辛勤付出下，《湖湘饮食文化概论》《湖湘特色食材》《湘菜非物质文化遗产概论》《湖南味道》《湘菜烹调一体化教程》《湘菜美学概论》等多部教材问世。这些“湘字”号的饮食文化教材，不仅填补了湘菜文化领域的空白，而且对系统挖掘、整理、传承、弘扬湖湘饮食文化具有里程碑式的意义。作为老一辈湘菜人，我对此深感欣慰，我希望这些研究成果，能成为新一代湘菜人去深入了解、学习湘菜文化的宝贵资料，也期盼湖南省商业技师学院不忘初心，一如既往地担负起弘扬湖湘饮食文化、传承湘菜传统技艺的使命，为湘菜产业培养更多更优秀的人才。

全国五一劳动奖章获得者
中国烹饪协会副会长
中国湘菜大师

前言

湘点与湘菜既有联系又有区别，二者同属于湖南饮食，但涉及内容不同。湘点历史悠久，品种繁多，风味独特，是湖湘饮食文化的重要组成部分。本教材严格落实人力资源社会保障部关于印发《推进技工院校工学一体化技能人才培养模式实施方案》的通知精神，适应职业技术教育发展的需要，结合湘点行业特点，坚持守正与创新相融合，由湖南省商业技师学院的一批教学经验丰富、湘点技巧精湛的教师编写，与《湘菜烹调一体化教程》源自一脉。其目的在于培养一批有理论知识、有实践能力、热爱湘点事业的新一代面点师。

《湘点一体化教程》作为湖南省内一本将湘点教育教学与实践经验融为一体的教材，既是高等职业教育烹饪专业教材，又是湘点从业者必备的图书，还可作为湖湘面食、点心和小吃等美食爱好者的参考读物。本教材全面系统地介绍了湘点一体化教程导论、水调面坯类湘点制作、膨松面坯类湘点制作、油酥面坯类湘点制作、米制品类湘点制作、杂粮及其他粉团类湘点制作等内容，每个实训中包含了“原料配备”“制作过程”“成品特点”“制作关键”“评价标准”和“知识拓展”六个部分，突出地显示了湘点的技术和风格。本教材模块编排的原则是由易到难、先基础后提升、理论与实践相结合、循序渐进。在专业能力、操作能力和社会能力的各项要求中，每一个实训任务都有相同的准则，不同的具体要求，在完成每个实训任务的实践活动中逐步达到规范化、熟练化，最终达到实训要求并内化为自己的经验。

本教材由湖南省商业技师学院烹饪科技学院王庆、张芝担任主编，负责制订编写提纲及审稿。本教材模块一由王庆、陈新欣负责编写；模块二由张芝、何秀满负责编写；模块三由张艳、余志勇负责编写；模块四由戴梦洁、言金鱼负责编写；模块五由王庆、李娜负责编写；模块六朱瑶瑶、马茹、谭政香负责编写。王庆负责全书图片的拍摄工作，张虎负责技术指导工作。

本教材编写过程中，得到了湖南省商业技师学院领导的大力支持，在此表示感谢。另外，在编写过程中，参考并引用了一些专业书籍，在此向各位作者致以衷心的感谢。

由于编写时间仓促、编者水平有限、书中涉及内容深广，因此难免会有不足之处，希望各位专家、同行和学者提出批评，给出宝贵建议，便于及时修订改进。

王庆

2024年5月

目录

模块一

湘点一体化教程导论

模块导读

通过本模块的学习，了解湘点的概念和历史沿革；懂得湘点的特色；清楚湘点的分类方法；掌握湘点制作的常用工具和特色食材，揭示其一般规律，为学习湘点制作打下基础。

学习目标

1. 掌握湘点的概念和历史发展概况。
2. 了解湘点的特色。
3. 了解湘点的分类。
4. 增强对湖湘面点文化的认同感。

项目一
湘点概述

任务一　湘点概念及历史发展概况

一、湘点概念

湘式面点简称“湘点”，是湖南地区制作的具有地域特色的中式面点。湘点是湖湘民众日常生活中食用的以米、面、杂粮等为主料制作的各类面食和点心的统称，囊括了湖南各地的风味小吃，具有用料广泛、选料考究、制作精细，成品松软香糯、酥脆甜润、口味多样的地域性特点，是中式面点的重要组成部分。

二、湘点历史发展概况

湖南省位于中国中南部，气候温和，雨量充沛，是一个农、林、牧、副、渔业发达，有稻谷、蔬菜、山珍、水产的“地势饶食，无饥馑之患”的地方。湘、资、沅、澧四水水系贯通全省，八百里洞庭“衔远山，吞长江”，水势辽阔。湘西多山，湘东南为丘陵和盆地。五岳之一的南岳衡山祝融峰和中国四大名小吃的长沙火宫殿都供奉着赤帝祝融，《帝王世纪》记载：“是为祝融氏……以火施化，故后世火官因以为谓”。这些从物产原料、制作技术和成熟介质等方面为湘点制作提供了必要的条件。

湖南的饮食文明起源较早，湖南道县玉蟾岩出土了约为1万年前的稻谷，是世界上发现的重要人工栽培稻标本，证明湖南人1万年前就食用稻米。后来，湖南稻米产量多，以至“湖广熟，天下足”。此外，“沅湘间多山，农家惟植粟”（南宋张淏《云谷杂记》），还有豆、粱、黍、稷、麦等原料，为湘点的发展提供了充足的物资保障。

（一）春秋、战国时期的湘点

湘点，可追溯至战国时期《楚辞·招魂》中记述过的楚王宫的宴席点心，如“粔籹、蜜饵”之类，就是如今甜麻花、酥馓子、蜜糖团子、糕点的雏形。后来，人们为了祭祀、悼念诗人屈原，用芦苇包“黍角”（即粽子）投入汨罗江中，说明当时湘点制作已初现规模。

（二）秦、汉和魏晋南北朝时期的湘点

西汉初期的长沙马王堆汉墓中出土的遣策记有多种面点，如仆促（类餢飳）、稻蜜糯、麦糒、黄粢食、白粢食等；同时期的长沙阿弥岭汉墓出土了一套滑石作坊，被认为是世界上迄今为止发现的最早的米粉作坊证据。魏晋南北朝时，荆楚已有众多的节令小吃，《荆楚岁时记》中有楚人立春“亲朋会宴啖春饼”和清明吃大麦粥的记述，《续齐谐志》介绍了楚地端午用彩丝缠粽子投水祭奠屈原的风俗。《荆楚岁时记》记载“四月八日，长沙寺阁下有九子母神。是日，市肆之人无子者、供养薄饼以乞子，往往有验”。这种用以求子的薄饼在其他地方是少见的。又据《南史》，衡阳地区有“五色鲜”，当为用米粉制作的五色饼。这说明湘点品种逐渐增多，湘点制作技术迅速提高，湘点进入了发展阶段。

（三）隋唐至明清时期的湘点

历唐宋元明而至清代，湘点进一步发展，制作技术达到了新的高峰。从整体上讲，湘点仍以面粉、米粉制点心为主，省内许多地区的节日食品中均有团、粽、糕、粢、粑、糤（馓）。

清嘉庆八年刻《常德府志》记载：正月十五要“和米粉为丸，谓之元宵，以饷客”；五月五日“食角黍”，夏至“食粽”；九月初九“食饵”；岁暮，家家具肴籔（蔌）诣宿岁之位以迎新年。相聚酣饮，留宿岁饭……

又，嘉庆本《善化县志》中有在清明时分用“谷芽、鼠曲作饼”的记载，同治本《醴陵县志》有在立夏时“家煮粉团食之，谓之立夏羹”的记载，光绪本《永兴县志》有“女客至，或蒸大糤、花糤，或炒冻米和油茶款之，谓之‘茶会’”的记载，嘉庆本《沅江县志》有中秋夜“市井为月饼，乡村和米为粑”的记载……

虽然米粉点心为多，但面粉点心也有。如嘉庆《长沙县志》有九月“蒸面为糕”的记载，康熙本《永州府志》中也有“天穿节”制煎饼，伏日制“汤饼”的记载。经过较长时间的发展，约在清代后期，湘点在家庭制作的基础之上出现了商业性经营。晚清时《湖南商事习惯报告书》介绍，当时湖南的小吃有数十种，饮食市场上，“朝则油条之类，夜则河南饼之类，皆提篮唱卖；又有饺饵担，兼卖切面、汤圆，夜则摇铜佩、敲小梆为号，至四、五鼓不已”。

又据有关记载，清末，长沙的德园包子、飶香居馄饨、靖县油炸浪锅皮、临澧羊肉面已经出名。不仅如此，相传左宗棠手下的老兵告老还乡后，把在扬州学到的“扬州面”制作技艺带回湖南，于是长沙也有了出售“扬州锅面”的面馆。此事《清稗类钞》“左文襄喜食左家面”之记述可以佐证：“扬州新城校场街，有左家面铺者，自咸、同以来，开两世矣。盖左文襄初为孝廉时，北上道扬州，尝之，美不能忘也。及督两江，阅兵至扬郡，

地方官之备供张者，问左右以所好”。左右云：“公尝言扬州左面佳耳。”时郡城面馆如林，而无此肆，地方官乃令庖人假其名以进。文襄虽未面揭其伪，而退言非真也。由是左面之名脍炙人口。

这些史料记载反映了湘点与不同地区间面点交流的情况，意义重大。

（四）现当代的湘点

20世纪50年代以来，随着食品科技快速发展，饮食潮流不断变化，饮食业得到了空前的发展，湘点制作工艺也进行了革新，逐步从手工制作转为半机械化或全机械化。同时从京、苏、广三大面点流派和西式面点中取其精华，自成一体。

当代湘点发展的新趋势主要有以下几个方面：

第一是选用新型原料，如黄油、奶酪、竹炭粉、墨鱼汁、仙人掌花色素、炼乳、奶油、糖浆以及膨松剂、乳化剂、增稠剂和营养素强化剂等，全面改善湘点的色泽、质感、口味，提升营养价值。第二是遵从营养卫生要求调整配方，逐渐往低糖、低盐、低脂肪、高蛋白与矿物质方向发展，如湘潭传统名点“脑髓卷”因高糖高油逐步被相对低糖低油的“银丝卷”所代替。第三是积极利用现代器具（如原料处理器具、成形器具、熟制器具等），改善成品的外观与内质，降低劳动强度，增加生产效率，如有包子铺采用切菜机器人进行鲜肉包子馅心的制作。第四是进行科学研究，培训技术人才，出版面点图书，力求做到配方科学及营养合理化、生产机械化、风味民族化、储存包装化和食用方便化。近年来有关湘点的论文和书籍逐渐增多，湘点培训如火如荼。当今的湘点在湘菜组成中的地位和作用更为突出，在湖南人的饮食中越来越受到广大民众的喜爱。无论是连锁包子铺如雨后春笋般的增加，还是湖南米粉一条街上的各式米粉争鸣，抑或是市井街巷中象形湘点的普及和星级酒店高端湘点的制作，无不说明了湘点已经发展到了鼎盛时期。随着经济的发展和人民生活水平的不断提高，湘点的发展将会得到更高质量、更高水平、更快速的发展。

任务二　湘点的分类及工艺特点

一、湘点的分类

湘点按照应用场景，主要概括为三类：一是大众化的主食湘点，二是宴席湘点，三是地方风味小吃。湘点的分类方法囊括了湘点的精髓，反映了湘点品种丰富，类别众多。

大众化的主食湘点指的是湖湘民众日常食用的湘点，湖湘地区民众早餐一般会以米粉和面食为主食，故大众化主食湘点是湘点最重要的组成部分。湖湘地区大众化的主食湘点按照主料可分为米类面食、麦类面食和杂粮类面食，其中湖湘地区盛产稻米的区域特点决定了湖湘大众化的主食湘点是以米制品为主，如湖湘地区民众喜食的米粉，品种繁多，基本上形成了“一城一品，百城百味”的格局。湖湘麦类面食如发酵类的面食、面条、水饺等湘点的发展也较为迅速，为民众日常主食的重要补充内容。因湖湘地区杂粮的产量不高，故杂粮类面食在湖湘地区的分布较少，以一些山区和少数民族地区食用较多。

宴席湘点指的是在规格较高的宴请及宴会中食用的湘点，此类湘点的特点是用料精细、制作考究。其自身特点决定了此类湘点的制作时间长、手工要求高，宴席湘点的制作更能反映湘点制作技艺的水平。湖湘宴席湘点的主要品种有两大类，一是有湖湘特色的宴席湘点品种，传统的有蕨根粑粑、米饺、米发糕、萝卜丝酥饼等；在长沙火宫殿开发的名人宴席中，葱油粑粑、鲜肉馄饨、皇朝煎饼、鲜肉锅饺、脑髓卷、冰糖湘莲、糯米烧卖等宴席点心被用于接待到访湖南的国内外政要和社会名流。二是外来品种，主要包括广式点心、苏式点心和京式点心，如广式叉烧包、虾饺等，苏式明酥制品萝卜酥、菊花酥、盘丝饼等，京式麻花、薄饼、炸酱面等。湖湘宴席点心的制作虽不能反映湘点全貌，但其精良的制作工艺是湘点师傅匠心独运的体现，是湘点文化的重要组成部分。

地方风味小吃指的是当地特色与知名度兼具的点心小吃，其地方风味特色主要是通过原料和工艺的独特性来体现。湖湘地区有着悠久的历史和浓厚的人文生活气息，尽显潇湘风情。如传统的湖南四大名糕：宁乡砂仁糕、湘潭灯芯糕、湘乡烘糕、沅江麻香糕；火宫殿八大名小吃中也有周贵爹牛肉馓子、胡桂英龙脂猪血、邓春香红烧猪脚、姜氏姊妹团子、周福生荷兰粉、徐三爹白粒丸、吴记兰花干子等特色风味小吃。在湖湘少数民族地区也有大量的特色风味小吃，比如流行于湘西地区的社饭、蒸糯米肠、糯米酿肠、糖馓，都是深深根植于民众社会生活习俗的传统风味小吃。

二、湘点工艺特点

（一）选料独特、制作精良

湖南地域广阔、物产丰富，为湘点的制作提供了丰富的原料；加上少数民族众多，民族融合过程中饮食文化交流融合，形成了湘点选料独特、制作精良的特点。

湖湘地区是著名的“鱼米之乡”，也是稻作文明的发祥地，从永州道县玉蟾岩到常德澧县城头山，见证了湖南稻作技术的发展演进，受气候和地形的影响，湖湘地区盛产大米，长期以来，湖南人民形成了食用大米的习惯，湘点中也大量使用米制品为原料，这与北方面食使用小麦面粉具有很大的区别。湘点中的米制品在全国具有较大的影响力，大致可以分为米粉类、米团类、米粒类和米糕类。米制品在我国具有悠久的历史，《齐民要术》最早记载了它的详细制作过程，与今无异，“粲。用秫稻米，绢罗之。蜜和水，水蜜中半，以和米屑。厚薄令竹杓中下……”，米制品是湖湘民众早餐文化的主角，具有品种繁多、口味多变的特点，如长沙的黄春和粉馆、和记粉馆，常德的黄宪记粉馆、黄珍记粉馆、津市刘聋子牛肉粉馆，邵阳武冈的南门口米粉店等。湖南米团类面食主要在一些岁时年节的节日点心中广泛使用，如春节吃的糍粑，元宵节食用的汤圆，清明时节的蒿子粑粑、青团等，其中最具湖南地域特色的是蒿子粑粑，湖湘民众在食用蒿子粑粑时可煎、可炸、可蒸、可煮，不同的熟制工艺带来了不同的风味特色。米制品在湘点中的广泛使用反映了本地居民善于就地取材、物尽其用的朴实风采。

（二）馅心多变、注重口味

湘点馅心口味变化多端，一点一味、百点百味、随形定馅、随质定味；同形不同馅，同面不同味，千变万化。湘点馅心在原料上荤素具备，在制法上有生熟之分，在口味上有甜咸之别；馅心可采用各种原料，包括家畜家禽、水产、瓜果菜蔬、果脯蜜饯等。同一种主味料，根据不同的品种要求，辅料有所区别，调制方法迥异。例如，具有风味特色的咸味馅有香菇鲜肉馅、韭菜鲜肉馅、白菜鲜肉馅、金钩萝卜馅、什锦素菜馅等；甜味馅有伏油馅、盐菜馅、黑芝麻馅、莲蓉馅、麻蓉馅、奶黄馅、豆沙馅等；咸甜馅有咸蛋黄豆沙馅等。

（三）技法多样、特色鲜明

湘点花样繁多，这与制作技法多样密不可分。湘点制作技法经历代湘点师的长期实践、继承和不断创新，形成了多种多样的局面。湘点技法有几十种，即搓、包、卷、捏、抻、切、削、拨、叠推、按、钳花、模具、滚沾、镶嵌等；每种技法又细分成许多种，如捏的成形技法，分为挤捏、推捏、捻捏、纹捏、叠捏、塑捏、扭捏等；卷分为单卷和双卷等。由于技法多样和各地区要求的差异，不同品种有不同的造型要求，使湘点千姿百态、千变万化、造型逼真。

面坯经过多种技法形成了多种基本形态，如包、饺、糕、饼、团、卷等。这些基本形态通过各种技法，又可形成多种多样的花式形态，如包法中有形似馒头形的圆顶糖包，形似狮头的狮头榨菜包，形似芝麻头的四眼笋肉包，形似灯笼的鲜肉提褶包，形似裙摆的绉纱馄饨，形似菊花的鲜肉烧卖，形似金条的春卷等；卷法又形成了麻花形、如意形、银丝卷、脑髓卷、蝴蝶形等；捏法又形成了四喜饺、梅花饺、白菜饺、鸳鸯饺、牛角形蒸饺、元宝酥、圆酥盒、眉毛酥、海棠酥、樱花酥、莲藕酥、象形辣椒、艾叶米果等。

（四）注重食补、养生保健

食补是指主要用于正常人的日常饮食养生和虚弱病症的饮食治疗，是食养和食疗的重要内容之一。食物是人类赖以生存的物质基础，我国古代劳动人民在长期生产、生活以及同疾病作斗争的过程中，清楚地认识到，正确的饮食在养生、防病方面，都发挥着极其重要的作用。唐代著名医学家孙思邈在其所著《备急千金要方》“食治篇”中指出：“安身之本，必资于食，救疾之速，必凭于药，不知食宜者，不足以存生也。”意思是说身体健康的根本源于饮食，不懂得合理饮食的人，是不会健康长寿的。因此，掌握正确的饮食养生，对于防治疾病、健康长寿是非常必要的。

《荆楚岁时记》是我国最早记载两湖地区时令风俗的著作，系南朝梁宗懔在楚地做官时根据亲眼见闻及前人记载编撰而成，反映了南北朝时期湖湘地区的饮食风俗，也涉及一些湘点食补的内容。如文中提到“是日，取黍曲菜汁作羹，以蜜和粉，谓之龙舌粄，以厌时气。”本段文字记载了当时人们以黍曲草的汁水，加糖和米粉一起调制面团，做成一种米饼，来预防流行的瘟疫。黍曲草，即鼠曲草，是一种茎长10～40cm，叶片有白色绒毛，顶部有黄色花蕾的菊科植物，中医常用此物化痰止咳、祛风除湿。黍曲草有佛耳草、茸母、黄蒿、米曲、毛耳朵、水菊、绵絮头草、金沸草、地莲、黄花子草等多种别称，此草现今在湖湘地区依然存在，在邵阳新宁地区称为水牛花，碾碎取汁水后与糯米粉混合揉成团，做成饼状可煎食也可蒸食；永州道县地区称为绵子菜，焯水后切碎与糯米粉混合制成米粑蒸食；株洲一些地区取此草与艾草混合，做成粑粑食用。由此可见，魏晋时期用黍曲草汁做龙舌粄驱除瘟疫的饮食习俗一直流传到今天，且后来演变成了湖南各地均有食用的蒿子粑粑、艾叶米果等湘点品种。书中还有“夏至节日，食粽”“仲冬之月，采撷霜芜菁、葵等杂菜干之，并为咸菹（干菜制作的咸菜）……今南人作咸菹，以糯米熬捣为末，并研胡麻汁和酿之，石窄令熟，菹既甜脆，汁亦酸美”等饮食风俗的记载。

（五）博采众长、兼收并蓄

湘点还具有博采众长、兼收并蓄的特点，主要体现在品种口味的包容和制作技艺的融合。湘点除湖湘传统的特色米制品点心外，还广泛吸收了北方的麦制品点心的精华，如面条、包子、馒头等，在民众的饮食结构中具有重要地位。同时，湘点的制作技艺还在选料、技法和调味上吸收了其他面点流派的精华，主要包括：一是将广式点心的海产品运用在传统湘点中，如湖湘地区地道的腊味春卷馅心加入鱿鱼丝提鲜增味；抹酥萝卜饼和萝卜丝酥饼都加入了金钩、瑶柱等海产干货；此外，椰蓉、榴莲等热带水果及制品也在湘点中有所运用。二是将苏式点心的制作技法加入湘点制作工艺中，如湘点创新品种枇杷酥运用了苏式点心的开酥技术等。三是将京式点心的面食酱料应用到湘点中，如湘式炸酱面运用了京式点心的面食酱料。湘点的包容性使得湘点的发展步伐更快、更好、更强；同时，湘点文化与外来文化的交流融合，使得湘点立足全国，走向未来。

任务三　湘点常用工具

一、制皮工具

1. 擀面杖

擀面杖（图1–1）分大小两种规格，大的长 80～100cm，主要用于擀制面条、馄饨皮等；小的长约55cm，宜用于擀制大饼、花卷等。

2. 单手杖

单手杖（图1–2）长约30cm，直径约2cm，主要用于饺子皮、包子皮等的制作。

3. 双手杖

双手杖（图1–3）中间粗两头细，长约20cm，中间直径约3cm，两端直径约1cm，形如橄榄，又称为橄榄签，便于将皮的边沿擀薄，形成波浪纹的荷叶边形，即金钱底、荷叶边，主要用于蒸饺皮、烧卖皮等的制作。

4. 通心槌

通心槌（图1–4）分大小两种规格，大的长约28cm，圆筒直径8cm，圆孔直径2.5cm，主要用于水油酥皮的大包酥制作，适用于花卷、烧饼及清酥面等起酥类品种的制皮；小的长约12cm，圆筒直径7cm，圆孔直径2cm，用于水油酥皮的小包酥制作。

图 1–1　擀面杖

图 1–2　单手杖

图 1–3　双手杖

图 1–4　通心槌

二、成形工具

（一）模具

1. 印模

印模（图1–5）多以木质为主，刻成各种形状，有单凹和多凹等多种规格，底部面上刻有各种花纹图案及文字。通过印模形成图案、规格一致的精美湘点，如绿豆糕等。

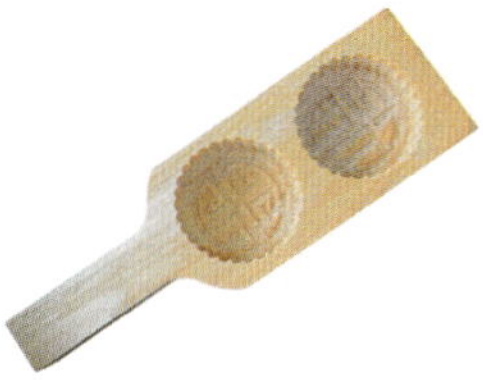

图 1–5　印模

2. 套模

图 1-6　套模

套模（图1-6）又称“套筒”，利用铜皮或不锈钢皮制成的各种平面图形的套筒。常用的是套模，如海棠酥面坯圆形成形时，用套筒将平整的坯皮套刻成形。

3. 盒模

图 1-7　盒模

盒模（图1-7）是用铁皮、铜皮或纸质制成的凹形模具或其他形状、规模的容器，主要有长方形、圆形、菱形、花果形等。成形时将坯料放入模具中，经烘烤、油炸、蒸制等方法成熟，如米发糕等。

（二）刀具

1. 切刀

图 1-8　切刀

切刀（图1-8）也称片刀、前切后斩刀，呈长条形，由不锈钢薄板制成，应用范围较广，用于馅心原料初加工、切面条等。

2. 齿刀

图 1-9　齿刀

齿刀（图1-9）用不锈钢制成，是一种刀锋呈锯齿形的刮刀，主要用于对松软制品进行分割，可保证被分割的制品形态完整，如竹叶蛋糕等。

（三）其他工具

其他工具还包括小剪刀、小木梳、小铜夹、镊子、馅挑、刀片、裱花嘴、平底锅和蒸笼、烘盘、锅铲、漏勺、电子秤、网筛、刮板、毛刷、毛笔和开酥布等。湘点常用其他工具如表1-1所示。

表 1-1　湘点常用其他工具

工具名称	图片	用途
小剪刀		主要用于刺猬包、金铃果等制品的剪制
小木梳	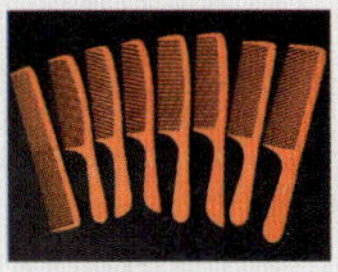	主要用于象形面点鸟类羽毛的制作

续表

工具名称	图片	用途
小铜夹		主要用于制作象形面点核桃酥、花生酥等
镊子		主要用于制作花式酥点海棠酥、樱花酥等
馅挑		主要用于各类不同制品上馅，如各类饺子、包子、馅饼等
刀片		主要用于各类面坯的分割等造型作用，如荷花酥、菊花酥等
裱花嘴		主要用于装饰作用，如各类裱花蛋糕等
平底锅		主要用于炒制馅心，煎制饼类、包类、饺类产品，如锅贴等
蒸笼		主要用于各类制品蒸制成熟，如馒头、蒸饺、发糕、包子等
烘盘		主要用于各类制品烘烤成熟，如桃酥、果酱松酥盏、衡阳酥薄月饼等
锅铲		主要用于炒制馅心、水饺煮制推动等

续表

工具名称	图片	用途
漏勺		主要用于原料初加工焯水、煮制水饺捞出等
电子秤		主要用于坯皮原料、馅料配备及成品精确称量
网筛		主要用于各类粉料进行过筛
刮板		主要用于辅助双手进行不同面坯的调制及成形
毛刷		主要用于擀好的面皮刷去多余的粉，刷油、刷蛋液，如起酥制品、葱盐花卷、蛋黄酥等
毛笔		主要用于排酥制品刷蛋清，如莲藕酥、枇杷酥等
开酥布		主要用于开酥时防止酥层粘连桌面的介质

任务四　湘点常用原料

一、坯料

1. **糯米**

糯米又称江米，分为三类，即白糯米、阴糯米和籼糯米，其中以白糯米、阴糯米品质为佳。籼糯米质硬，不易煮烂。糯米除可直接制作汨罗粽子、双油珍珠烧卖外，还可以磨成粉制作糖油粑粑、姊妹团子等享誉三湘的名点小吃，用途广泛。

2. **粳米**

粳米又称圆粒大米，是用粳型非糯性稻谷碾制成的米。米粒一般呈椭圆形或圆形，米粒丰满肥厚，横断面近于圆形，长与宽之比小于2，颜色蜡白，呈透明或半透明，质地硬而有韧性，煮后黏性油性均大，柔软可口，但出饭率低。根据收获季节，分为早粳米和晚粳米。粳米在湖南湘点中主要作为各类米粉条的原料，常规面点一般使用较少，主要用来制作粥类，如八宝粥、绿豆粥。

3. **籼米**

籼米又称南米、机米，是用籼型非糯性稻谷制成的米。米粒细长形或长椭圆形，长度在7mm以上，蒸煮后出饭率高，黏性较小，米质较脆，加工时易破碎，横断面呈扁圆形，颜色以白色透明的较多。根据收获季节分为早籼米和晚籼米，一般磨成粉，用于制作葱油粑粑等独具地方特色的湘点制品。

4. **面粉**

面粉又称普通面粉、中筋面粉，其蛋白质含量在8%～10.5%，颜色乳白，体质半松散；一般湘点都会使用，比如包子、面条、蒸饺等（注：一般市售的无特别说明的面粉，都可以视作中筋面粉使用）。

5. **熟面粉**

熟面粉是指将面粉通过蒸熟、压碎、过筛而成的粉料，一般在油酥中使用。由于熟制因而在调制面坯时降低面筋，再与油脂混合，从而达到酥松的特点。

6. **澄粉**

澄粉又称澄面、汀粉、小麦淀粉，是一种无筋的面粉，成分为小麦。近些年在湘点中主要用来制作象形澄面制品，如象形辣椒等。

7. **穇子**

穇子是一种杂粮，营养价值很高，内含丰富的维生素和微量矿物质。在湘点里，穇子一般是磨成粉做成粑粑，如新化穇子粑。

8. **绿豆**

绿豆是一种豆类，含有丰富的蛋白质和磷脂，具有兴奋神经、增进食欲的功能。绿豆磨成粉可制作产品，如绿豆糕。

9. 蒿子

蒿子又称蒿草，俗名粑蒿，叶面呈绿色，叶底微白带绒毛。湘点制品中选用嫩叶，采撷后捣碎等，然后配上糯米粉制作出成品，如蒿子粑粑、炎陵艾叶米果。

10. 玉米粉

玉米粉是用成熟的玉米磨成的粉。玉米粉含有丰富的营养素。在湖南，湘西、湘北及湘南山区种植玉米较多，但一般会直接食用，加工成玉米浆可制作玉米粑粑。

二、馅料

1. 猪肉

猪肉是湖南地区湘菜湘点中使用范围最广的畜肉类原料，较为著名的特色品种有宁乡花猪、桃源黑猪、沙子岭猪等。湘点中多选用宁乡花猪、桃源及湘西的黑猪等猪肉品种，常用肥膘肉、前腿肉和五花肉做馅心。肥膘肉一般用来制作甜馅制品，如银丝卷、盐菜包；前腿肉、五花肉一般用来制作咸馅制品，如四眼笋肉包、鲜肉提褶包。

2. 腊肉

湘点中多选用湘西腊肉制作馅心，以皮色黝黑、肌肉坚实、表面无黏液、切面色泽鲜红、肥膘稍有黄色、具有烟熏风味者为佳，在糯米烧卖、腊味春卷中使用较多。

3. 牛肉

湖南著名的牛品种有茶陵黄牛、新晃黄牛、湘西黄牛、滨湖水牛等。湘点常用牛肉做馅，主要用来制作面码、粉码，也作为包类、饼类的馅心。牛肉多选用黄牛肉，尤以湘西黄牛肉为优，以肌肉呈长条状、色黄、有光泽、脂肪少、肉质紧密、富有弹性、具有牛肉正常的特有气味、口感柔韧、富有嚼劲、骨腔内充满骨髓者为佳。

4. 金钩

金钩又称海米、虾米等，为海产白虾、红虾、青虾加盐水焯后晒干，纳入袋中，扑打揉搓，风扬筛簸，去皮去杂而成，即经加盐蒸煮、干燥、晾晒、脱壳等工序制成的产品。海米为“三鲜之一”，营养丰富，富含钙、磷等微量元素，蛋白质含量也很高。著名湘点萝卜丝酥饼和抹酥萝卜饼就是添加金钩制作而成。

5. 瑶柱

瑶柱俗称干贝、干瑶柱、马甲柱、玉瑶柱、蜜丁、江瑶柱等，实际是多种贝类闭壳肌干制品的总称。瑶柱在古时是进贡皇室的珍品，因其味道鲜美被列作“海八珍”之一，素有“海鲜极品”的美誉，用于制作菊花烧卖。

6. 湘莲

湘莲古称芙蕖，为睡莲科多年生水生草本植物。湘莲又称为“贡莲”，自明洪武年开始，就成为历朝历代的皇家贡品。湘莲颗粒呈椭球体，圆壮、均匀、饱满，三粒成熟的莲子竖向对接总长度为一寸，故又称“寸三莲”。湘莲肉色乳白，肉质细腻，具有清香味，其总糖、蛋白质等含量居全国三大莲种之首，被称为“中国第一莲子”。2010年，“湘莲”成为湘潭市第一个获得中华人民共和国国家质量监督检验检疫总局批准实施地理标志产品保护。

7. 生姜

湖南有名的生姜主要产于常宁市阳加、西岭一带，栽培历史已有2100多年，因咀嚼时无渣，故又称无渣生姜。常宁无渣生姜外形肥大，姜瓣粗壮，肉质脆而细嫩，姜味柔和，在1984年被列为湖南名优产品，并编入《中国名优土特产词典》。

8. 盐菜

湖南盐菜与别处不同。将毛白菜或芥菜、雪里蕻等青菜晒蔫，然后揉软再分成小把，放入蒸锅蒸至熟透，晒至干爽后即可。驰名长沙的“八大名包”之一的盐菜包就是用伏油馅加盐菜制作而成。

9. 地米菜

地米菜学名荠菜，又名护生草、地菜、菱闸菜等，以嫩叶供食，其营养价值很高。土家社饭则是加入地米菜制作而成。

10. 烟笋

湖南山多易长竹，竹笋时短而易老，将鲜嫩爽脆的竹笋采剥去外壳用清水煮熟，再用木炭文火焙烤至干，熏制成黑褐色的笋干，就是“烟笋”。湖南烟笋的笋丝比较粗大，肉香而甘美，笋味也较绵长，具有独特的风味，用于制作四眼笋肉包。

11. 糖柚子皮

糖柚子皮又称柚皮糖、金元条，风味独特，除甜味外，还带有酸味，外观透明或半透明，多用于点心的馅心中，如湘式酥皮月饼馅就是由糖柚子皮、金橘饼等制作而成。

12. 金橘饼

金橘饼是用带橘皮的金橘加工而成的天然食品，色泽金黄、不含任何色素、口感细腻，没有橘皮中的苦味，多用于点心的馅心中。

13. 红绿丝

红绿丝也称青丝、玫瑰丝，是湘式月饼、糕点等食品馅料，其加工原料为橘子皮、萝卜皮等。

三、辅料

1. 剁辣椒

剁辣椒又名剁辣子、坛子辣椒，是一种可以直接食用的辣椒制品，味辣而咸鲜，口感偏重，原料为新鲜红辣椒、食盐。剁辣椒是湖南的特色食品，可出坛即食，也可当作佐料做菜。正宗湖南剁辣椒水分少，颜色暗红，口感不酸。而在湘西，尤其是湘西南一带的剁辣椒带有当地特色的酸味，因为湘西人“无酸不入口”，因此在这些地方的剁辣椒又称为“酸剁辣椒”。

2. 茶油

茶油又称茶籽油、山茶油，是从油茶成熟种子中提取的纯天然高级食用油，色泽金黄或浅黄、品质纯净、澄清透明、气味清香、味道纯正，被誉为东方的橄榄油。湖南早餐粉面中常滴入茶油，以增加香味和营养。

3. 豆豉

豆豉是以泥豆或小黑豆为原料，经过发酵精制而成，具有颗粒完整匀称、色泽浆红或黑褐、皮皱肉干、质地柔软、汁浓味鲜、营养丰富，且久贮不发霉变质的特点。其中以浏阳豆豉品质为佳，加水泡涨后，汁浓味鲜，色、香、味、形俱佳，是烹饪菜肴的调味佳品，在湘点臊子（面码）中常被用来增香提鲜。

4. 酱料

湘点的酱料大致分为甜酱和咸酱两类。甜酱有蓝莓果酱、桂花酱、玫瑰花酱、草莓果酱和玫瑰酱等，用于制作海棠酥、湘式五仁月饼等。咸酱有豆瓣酱等，用来制作湘式炸酱面码。

5. 酸豆角

作为一种极具湖湘特色的食物，酸豆角是“酸辣”味道中不可或缺的主料之一。它是优选新鲜豆角，手工切割，粒粒饱满脆嫩；材料新鲜，自然发酵，香味馥郁，酸辣脆爽。

6. 酸萝卜

怀化辰溪酸萝卜主要取材于沅水河中的两大江洲（木洲、当江洲）地区生产的红萝卜。把清脆可口的红萝卜采来后，放在流水中冲洗干净，切成均匀的薄片，拌上作料，放在粉红色的酸水中浸泡腌制一晚，取出后拌上喷香的油泼辣子，便是辰溪著名的酸萝卜。

7. 寒菌油

寒菌是“乳菇”属中的一种，又名“雁鹅菌”“重阳菌”“铜锣菌”，湘潭人认为扣子大小的寒菌品质最好，因此称之“扣子菌”。寒菌油是将肉质厚实、新鲜嫩小的寒菌，用秋季本土出产的茶籽油加热浸渍，连油带寒菌密封在瓷坛中，作为面条、米粉的拌料食用。湘点中的菌油面被民国时期一些老饕称为“天下第一面食”。

项目二

湘点一体化教程学习意义

一、学习《湘点一体化教程》有助于传承与弘扬湖湘特色面点文化

随着餐饮业新原料、新工艺、新产品、新设备的不断变化，地方菜点如何在各个风味流派中相互交融的趋势中保持自身的风味特色，是所有地方菜点面临的共同问题。《湘点一体化教程》系统梳理了湖南面点的源流和发展脉络，将湖湘地区传统经典面点与现代化的新派湘点囊括其中，集中展现湖湘面点地域特色。长期以来，由于缺乏系统地挖掘与整理，外界对湘点的认识还不够深入，大多停留在片面、零散的认知状态。学习本书，有助于不断认识湘点新品种，扩大湘点的发展规模。学习和掌握湘点制作，了解特色湘点与湖湘民众的食俗联系；学习湘点的历史文化价值，有助于更好地挖掘与弘扬湘点文化，提升湘点内涵。

二、学习《湘点一体化教程》有助于系统掌握湘点制作技艺

本书是湖南省商业技师学院系统编写的适用于大中专院校中式面点专业的教材，能充分满足教学与培训的需求，实训项目囊括了近年来各级各类竞赛中涌现的创新产品以及早餐、宴席市场上流传的新品种，具有品种类型丰富、地域特色鲜明、产业契合度高的特点。在内容编排上，每一个产品的配方与工艺均经过编写团队反复调整优化，以满足不同层次学习者的学习需求；在呈现方式上，除详细的图文介绍外，每一个产品均有相关的视频资源供使用者随时随地进行学习，对学习者系统掌握湘点制作技艺大有裨益。

三、学习《湘点一体化教程》有助于深度领略湘点的风味特色

本书中的实训作品，原料选取最具有湖湘特色的食材如腊肉、湘莲、烟笋、茶油、豆豉、剁辣椒等，结合湘点操作技法与加工工艺，从口感、风味、质地等特点上全面地展现湘点的风味特点。湘点在口味上，酸、辣、甜、鲜、香，千滋百味；在原料上，任取麦、米、豆、粟、肉、蛋、奶、果蔬、薯、水产，用料丰富；在成形方法上，擀、包、捏、卷、切、搓、剪、镶嵌，技法繁多；在成熟方法上，蒸、煮、煎、炸、烤，方法多样。

项目三

湘点一体化教程学习方法

一、培养学习兴趣，热爱面点

兴趣是最好的老师，也是从事某一职业最原始的动力，要学好湘点一体化教程，就要端正自己的学习态度，培养对面点专业的热爱，对制作精细面点产品的执着追求，提高自主学习的积极性。

二、熟练掌握制作湘点的各项基本功

湘式面点基本功是指在制作面点产品的各个环节所必须掌握的实际操作技能和手法，主要包括原料选用、面团调制、馅心调制、生坯成形及熟制、面点装饰等内容，只有熟练掌握各项基本功，才能按照不同面团的特性及口味、应用场景要求制作符合质量要求的面点产品。

三、重视湘点理论与实践应用

在长期的发展过程中，一代又一代湘点师傅从实践中总结出了系统的理论常识，学习湘点理论是为了解决知其然还要知其所以然的问题。湘点理论主要包括原料选用的偏好与要求、水调面团的特性及运用、膨松面团的特性及运用、油酥面团的特性及运用、米粉及杂粮面团的特性及运用、湘点成形与成熟技法的应用等内容，同学们要学好湘点一体化教程，要在掌握扎实的理论知识的基础上进行反复的实践检验，最终使理论与实践融为一体、互相支撑，成为理实一体化的高素质技能型人才。

四、培育工匠情怀，养成脚踏实地、勤学刻苦、严谨细心的职业精神

湘点一体化教程是一门技术性、实践性很强的课程，要掌握它，需要锲而不舍地勤学苦练。因为一项技能的掌握，并非一朝一夕就能完成的，往往要经过反复的练习、总结、实践。对于初学者，必须能够沉下心来，对面团调制、馅心调制、生坯成形及熟制、面点装饰等每一项基本功，都需要脚踏实地、勤学刻苦的加强训练，筑牢基础，然后持之以恒的坚持，使自身操作技能不断进步，不断培育自身的工匠情怀和严谨细心的职业精神，争取早日成为一名湘点大师。

项目四

湘点一体化教程学习要求

一、了解湘点的历史发展，感悟湖湘饮食文化

湘点历史文化底蕴深厚，许多的传统湘点都可以在很多历史文献古籍中找到源流。湘点风味特色浓郁而鲜明，在众多地方面点中独树一帜，湘点不仅是湖南的一张文化名片，也是勤劳的湘人智慧的结晶。学习湘点一体化教程，感悟湖湘饮食文化的博大精深，提升文化认同感和职业认同感。

二、掌握常见的面点成形工艺及操作关键

通过学习了解面点的分类原则，掌握擀、包、搓、捏、提褶等手工成形技法，模具机械成形技法及艺术成形技法等湘点常见的制作方法，能够运用所学知识解决实际生产中遇到的问题。

三、掌握常见湘点的制作方法，能够举一反三

通过课前预习、课中学习实践和课后思考练习，能够掌握常见湘点的原料组配、工艺流程、操作关键和成品特点，并熟悉装盘的基本要求，利用所学知识实现知识迁移，能够举一反三，进行湘点改良和创新。

四、能够在实际操作中提升职业能力和职业素养

烹饪是一门科学，也是一门艺术，烹饪行业是民生行业，因此要求烹饪工作者应具备较高的技能素质和高尚的厨德修养。在生产实践中着重培养诚信意识、质量意识、安全意识、卫生意识、竞争意识、创新意识和服务意识。

模块二

水调面坯类湘点制作

模块导读

通过本模块的学习，了解水调面坯的基本知识和分类，通过实际训练掌握湘点水调面坯的制作，如原料配备、制作过程、制作关键、质量控制等操作技能。了解湘点水调面坯制作的一般规律，培养运用所学知识解决实际问题的能力。

学习目标

1. 了解水调面坯制作的基本知识。
2. 了解水调面坯的分类。
3. 掌握水调面坯产品的制作方法及操作关键。
4. 掌握水调面坯产品的质量标准。
5. 具备团队协作的意识和能力，小组合作完成水调面坯品种的制作。

项目一

水调面坯概述

任务一　水调面坯概念及分类

一、水调面坯概念

水调面坯是面粉与水直接拌和，揉搓而成的面坯。由于调制水调面坯时，不添加其他配料，也不经发酵，仅用面粉与水调和而成，故行业上俗称“呆面”“死面”。

二、水调面坯分类

面坯在调制时所用水温不同，面坯的性质和其他用途也随之发生变化，一般分为冷水面坯、温水面坯、热水面坯三种。

（1）冷水面坯是用冷水（水温一般在30℃以下）与面粉调制而成的面坯。

（2）温水面坯是用60℃左右的温水和面粉调制而成的面坯。

（3）热水面坯，又称沸水面坯，俗称烫面，是用80℃以上的热水和面粉调制而成的面坯。

任务二　水调面坯调制方法和要点

一、冷水面坯调制方法及要点

（一）冷水面坯调制方法

将面粉倒在案板上，开窝，注入适量冷水，用手从内圈向水中拨入面粉，待水粉黏稠后迅速抄拌，使面粉呈“絮”状，再反复揉成面坯，直至面坯光滑有筋性为止，最后盖上洁净的湿毛巾，静置醒面。

（二）冷水面坯调制要点

1. 水量

加水量是关键，一般每500g面粉掺水250g。同时，还要根据不同产品要求和环境温度和湿度，灵活掌握面粉的品种。不同品种要求的加水量是不相同的，面坯呈现的软硬度有很大差别，硬面坯的加水量为面粉重量的40%~50%，软面坯的加水量为面粉重量的60%~70%。总之，加水量的原则是在保证成品软硬度要求的前提下，根据各种因素加以调节。

2. 水温适当

冷水面坯必须用冷水调制，才能保证其特性。因为环境不同，自然状态下水温有较大差别。冬天调制面坯时，可以用微温的水，但注意水温要控制在30℃左右，只有在这种水温下，蛋白质的吸水胀润度最大，在物理（如揉、搓等）作用力下，可以形成较多的面筋网络。同时，由于温度较低，淀粉也不易发生糊化现象。在夏季，因气温较高，即使使用自然状态的水，也有可能使面坯的筋力有所下降，这时可以适当加盐，以增强面坯面筋的强度和弹力，使面坯组织质地紧密。

3. 分次掺水

掺水时要分次加入。分次掺水的作用有两个，一个是便于调制，另一个是可以随时了解面粉吸水的实际情况，如第一次掺水后，面粉吸不进水或者吸水较少，在第二次掺水时则应酌量减少；相反，应酌量增加。分次掺水的比例一般是第一次掺水量占总掺水量的70%~80%，第二次酌情加入剩下的20%~30%，第三次根据面坯质量要求，只是洒少许水，把面坯揉光。

4. 面坯揉搓充分

和面抄拌成“絮”状后，要反复用力揉—搓—捣—摭，使其逐渐形成面坯，使面粉能充分地吸收水分，形成面筋网络结构，产生较好的延伸性和可塑性。此外，有些品种如抻面，在揉搓以后，还要摔面、摭面，使面筋伸展的方向一致。冷水面坯的面筋网络，主要靠揉搓等物理作用，外力能促使面筋网络结构的形成。行话说“揉能上劲”正是这个道理。

5. 静置醒面

所谓醒面，是指将调制好的面坯，静置一段时间。醒面作用是使面坯中未吸足水分的粉粒有一个充分吸水的时间，这样面坯中就不会再夹有小硬粒，还能更好地形成面筋网络，使面坯更为柔软、滋润、光滑，具有弹性。醒面时间一般为10～15min，有的也可以达到半小时左右或者更长，视品种而定。此外，醒面时必须加盖湿布，以免裸露在空气中后面坯发生表皮干燥或结皮现象。

二、温水面坯调制方法及要点

（一）温水面坯调制方法

将面粉倒在案板上，开窝，加入温水，调制成坯，摊开凉凉后，再揉匀成光滑面坯。

（二）温水面坯调制要点

1. 灵活掌握水温

温水面坯因其水温的差异，可分为水温偏低和水温偏高两类。它们有着不同的性质和用途，调制时要根据品种的不同要求而灵活掌握。

2. 及时散发面坯中的热气

面坯和好后，要摊开凉凉，待热气散尽完全冷却后，再揉成面坯，并盖好湿布。

三、热水面坯调制方法及要点

（一）热水面坯调制方法

把面粉摊在案板上，开窝，将热水均匀浇在面粉上，边浇水边用擀面杖拌和，最后洒上少许冷水，均匀地拌和成面坯，摊开凉凉，揉和制成面坯后，盖上一块湿布，防止面坯表皮干燥。

（二）热水面坯调制要点

1. 水要浇匀

调制过程中，要边浇水，边拌和，浇水要匀，搅拌要快，水浇完，面拌好。浇匀的目的有两点，一是使淀粉糊化产生黏性；二是使蛋白质变性，防止生成面筋。把面烫熟烫透，不带夹生，否则制品成熟后，里面会有白茬，表面也不光滑。

2. 凉透

刚调制好的面坯很烫，要摊开放置使热气散尽。如果热气散不尽，积聚在面坯中，制成的制品不但容易结皮，而且表面粗糙，易开裂。当然，也可以在揉成面坯后，再用刀切成小块散发热量。

3. **加水量准确**

热水面坯加水量比冷水面坯稍多点，一般是每500g面粉掺水250～350g，这是因为淀粉糊化时要吸收大量水分的缘故。调制时加水量一定要准确，该加多少水，在和面时要一次性加足，不能成坯后再去调整软硬度，这和冷水面坯的分次加水是完全不同的。这是因为面坯形成后，如果发现面坯过硬，再加热水，不易揉匀。水量过多，面坯太软，再加面粉，则又容易出现夹生的现象。

4. **揉匀**

揉面时揉均匀即可，不要多揉，否则容易上劲，失去烫面的特点。烫面时，初步拌和后，还要均匀淋洒些冷水，借此驱散热气，并使制品吃口软糯而不黏牙。

项目二

水调面坯类湘点制品实训

任务一　冷水面坯类湘点制作

实训1 清汤面

一、原料配备

坯料：面粉500g，冷水220g，盐5g。

配料：猪油50g，味精5g，盐10g，麻油10g，生抽10g，老抽10g，葱30g，香菜30g，带骨鸡肉500g。

二、制作过程

1. **备料：**葱去根须洗净，切葱花；香菜去根须洗净，切2cm长的小段备用；鸡肉斩成4cm见方的块状，焯水撇去浮沫后加2kg清水煮沸，加少许盐调底味后开小火熬制1h备用。
2. **调制面坯：**面粉过筛，在案板上开窝，加入盐、冷水，揉匀揉透，加盖湿毛巾醒面20min。
3. **成形：**面坯搓成长条，擀制成厚0.2cm的长方形薄片，表面撒面粉，折成宽6cm的长方形面皮，切成韭叶宽的条状，打散备用。
4. **成熟：**面条下入沸水锅中煮制，点三次冷水，保持锅面沸而不腾，待面条从水底浮至水面，由灰白色变成亮白色，即代表面条成熟，成熟后装入经猪油、味精、盐、麻油、生抽、老抽调味的碗中，加入适量鸡汤，撒上香菜与葱花即可。

三、成品特点

面条细长，形似韭叶，厚薄均匀，筋道爽滑，汤鲜味美。

四、制作关键

1．面坯调制要稍硬。

2．长方形面皮要求厚薄一致。

3．煮制面条时要旺火沸水，断生即可，不宜多煮，否则面条发糊。

五、评价标准

总得分

项次	项目及技术要求	单次配分	得分
1	器皿清洁干净，个人卫生达标	10	
2	面条细长，形似韭叶，厚薄均匀	20	
3	面条筋道爽滑	30	
4	汤鲜味美	30	
5	卫生打扫干净，工具摆放整齐	10	

六、知识拓展

中国社会科学院考古研究所在发掘我国著名的青海省喇家新石器遗址时，在齐家文化的文化层中发现了一只倒置的陶土碗，在碗底保存有面条，长约50cm，直径约0.3cm，粗细均匀，颜色鲜黄，与现在的拉面形态相似，提供了我国先民在4000年前就已经开始制作面条的最直接的证据。

实训2 三鲜面

一、原料配备

坯料： 面粉500g，冷水220g，盐5g。

配料： 里脊肉250g，水发木耳200g，玉兰片200g，盐10g，麻油10g，味精2g，生抽10g，老抽10g，菜籽油50g，猪油50g，葱30g。

辅料： 淀粉50g，酸豆角20g，酸萝卜30g，熟花生米50g。

二、制作过程

1. **备料：** 将里脊肉切成长3cm、宽5cm的薄片上淀粉浆滑油，水发木耳、玉兰片洗净切片，葱去根须洗净切葱花。
2. **制码：** 锅内放菜籽油烧热，加入肉片、玉兰片、木耳片炒制，加入盐、麻油、味精、生抽、老抽调味后备用。
3. **调制面坯：** 面粉过筛，放在案板上开窝，加入盐和冷水，揉匀揉透，加盖湿毛巾醒面20min。
4. **成形：** 将面坯搓成长条，擀成厚0.2cm的长方形薄片，表面撒面粉，折成宽6cm的长方形面皮，切成韭叶宽的条状，打散备用。
5. **成熟：** 面条下入沸水锅中煮制，点三次冷水，保持锅面沸而不腾，待面条从水底浮至水面，由灰白色变成亮白色，即代表面条成熟，成熟后装入调味的碗中，加入适量面汤，盖上三鲜码，加入葱花、酸豆角、酸萝卜、熟花生米即可。

三、成品特点

面条细长，形似韭叶，厚薄均匀，筋道爽滑，鲜美可口。

四、制作关键

1. 三鲜码要求炒制入鲜味。
2. 面皮要厚薄一致。
3. 煮制面条时要旺火沸水，断生即可。不宜多煮，否则面条发糊。

4. 面坯调制要稍硬。

五、评价标准

总得分

项次	项目及技术要求	单次配分	得分
1	器皿清洁干净，个人卫生达标	10	
2	面条细长，形似韭叶，厚薄均匀	20	
3	筋道爽滑	30	
4	鲜美可口	30	
5	卫生打扫干净，工具摆放整齐	10	

六、知识拓展

中国人食用面条的风俗有很多，以下仅列举其中几种：

长寿面：在庆祝生日时，人们常常会食用长寿面，寓意着长寿不老。

龙须面：在中国北方的“二月二，龙抬头”节日中，人们会吃龙须面以祈求风调雨顺。

新年面：在中国南方的某些地方，人们会在大年初一吃“新年面”来迎接新的一年。

发脚面：在山西和陕西等地，男方给女方送婚前礼品后，会请媒人吃面条来感谢其跑腿之劳。

子孙饽饽长寿面：这种风俗流行于东北三省、北京等地。饽饽即饺子，与面条同煮时不能熟透，吃时客人有意问新娘“生不生”，新娘答“生”，取子孙万代、长生不老之意。

宽心面：流行于山西吕梁、陕北一带，除夕时用豆面制作，比一般面条薄而宽，初一早晨食用，表示一年到头宽心如意。

隔年面：流行于陕西、山西等地，在除夕擀好面条，放在初二或初三吃，意为连年丰收、吉庆有余。

以上仅为部分中国人食用面条的风俗。在中国的不同地区和不同节日中，面条的食用方式和寓意各不相同，这些风俗反映了中国人对于美食和节令的重视与喜爱。

实训3 湘式炸酱面

一、原料配备

坯料：面粉500g，冷水220g，盐5g。

配料：五花肉500g，豆瓣酱80g，味精5g，盐8g，麻油10g，葱30g，香菜30g，料酒20g，生姜25g，茶油50g，猪油50g，生抽10g，老抽10g。

辅料：生粉50g，酸豆角20g，酸萝卜30g。

二、制作过程

1. **备料：**将葱去根须洗净切葱花，香菜去根须洗净切小段，五花肉切末，生姜切末。
2. **制码：**将净锅置旺火上，滑锅后倒入茶油加姜末煸香，加入豆瓣酱、肉末炒至肉末变色，再加盐、味精、生抽、老抽、麻油、料酒调味，炒香后加水，大火烧开，小火熬制浓稠起锅备用。
3. **调制面坯：**面粉过筛，放在案板上开窝，加入盐、冷水，揉匀揉透，加盖湿毛巾醒面20min。
4. **成形：**将面坯搓成长条，擀制成厚0.2cm的长方形薄片，表面撒生粉，折成宽6cm的长方形面皮，切成韭叶宽的条状，打散备用。
5. **成熟：**面条下入沸水锅中煮制，点三次冷水，保持锅面沸而不腾，待面条从水底浮至水面，由灰白色变成亮白色，即代表面条成熟，成熟后装入上述调好味的碗中，盖上炸酱码，加入葱花、香菜段、酸豆角、酸萝卜即可。

三、成品特点

面条细长，形似韭叶，厚薄均匀，筋道爽滑，酱香味浓。

四、制作关键

1. 炸酱制作要汤汁浓稠。
2. 面坯调制要稍硬。
3. 面皮要厚薄一致。
4. 煮制面条时要旺火沸水，断生即可。不宜多煮，否则面条发糊。

五、评价标准

总得分

项次	项目及技术要求	单次配分	得分
1	器皿清洁干净，个人卫生达标	10	
2	面条细长，形似韭叶，厚薄均匀	20	
3	筋道爽滑	30	
4	酱香味浓	30	
5	卫生打扫干净，工具摆放整齐	10	

六、知识拓展

将葱、姜倒入热油锅里炒香，下入肉丁煸炒至断生，加入豆瓣酱熬制，即成炸酱。面条煮熟后，捞出，浇上炸酱，拌以菜码，即成炸酱面。也可根据自己的口味加辣椒、醋等调味品。面条捞出后用凉水浸洗再加炸酱、菜码的，也被称为“过水面”。

实训4 津市牛肉面

一、原料配备

坯料：面粉500g，冷水220g，盐5g。

配料：牛肉500g，味精5g，盐8g，麻油20g，葱30g，香菜30g，卤料1包，干辣椒粉50g，菜籽油100g，猪油50g，生抽10g，老抽10g，芝麻适量。

辅料：生粉50g。

二、制作过程

1. **备料：**将干辣椒粉和芝麻拌匀，浇上热菜籽油，成辣椒油；葱去根须洗净切葱花；香菜去根须洗净切小段备用。
2. **制码：**牛肉切2cm见方大块，加入盐、卤料卤制2h备用。
3. **调制面坯：**面粉过筛，放在案板上开窝，加入盐、冷水，揉匀揉透，加盖湿毛巾醒面20min。
4. **成形：**将面坯搓成长条，擀制成厚0.2cm的长方形薄片，表面撒生粉，折成宽6cm的长方形面皮，切成韭叶宽的条状，打散备用。
5. **成熟：**面条下入沸水锅中煮制，点三次冷水，保持锅面沸而不腾，待面条从水底浮至水面，由灰白色变成亮白色，即代表面条成熟，成熟后装入经盐、味精、麻油、生抽、老抽调味的碗中，加入适量面汤，浇上辣椒油，摆上牛肉块，加入葱、香菜即可。

三、成品特点

颜色红、白、绿三色相间，面条细长，形似韭叶，厚薄均匀，筋道爽滑，味微辣，牛肉香味浓。

四、制作关键

1. 牛肉要顶丝切。
2. 面坯调制要稍硬。
3. 面皮要厚薄一致。
4. 煮制面条时要旺火沸水，断生即可。不宜多煮，否则面条发糊。

五、评价标准

总得分

项次	项目及技术要求	单次配分	得分
1	器皿清洁干净，个人卫生达标	10	
2	面条细长，形似韭叶，厚薄均匀	20	
3	筋道爽滑	30	
4	味微辣，牛肉香味浓	30	
5	卫生打扫干净，工具摆放整齐	10	

六、知识拓展

“重挑轻挑二排溶排过桥带迅干，宽汤扣汤轻油重油免青落锅起。”在湖南，吃面条也有着一套暗语，如：

带迅——面条煮得熟而不烂；

带迅干——面条煮得熟而不烂，油稍多，不要汤；

带迅来原——面条熟而不烂，多放原汤；

轻油——油少放一点；

重油——油多放一点；

轻挑——粉面分量少一点，大概为一两五或一两八；

轻轻挑——粉面分量少，大概为一两；

重挑——粉面分量多一点，大概为三两；

宽汤——粉面汤稍多点；

扣汤——粉面汤稍少点；

落锅起——面条浮起来就挑起（也称见水跑）；

免青——不要放葱、蒜；

免椒——不要放辣椒；

免色——不放酱油；

溶排——面条溶而不碎；

二排——面条熟而不溶；

银排——面条煮到很烂；

过桥——粉面和码子分开；

过桥加码——粉面不仅面和码子要分开，码子还要双份；

二排干——面条熟而不烂，不要汤；

二排宽汤——面条熟而不烂，汤稍多；

来原——粉面不要码子，多放原汤；

双码双油——下粉面时，放平常双倍分量的油。

实训5 湘式凉面

一、原料配备

坯料： 面粉500g，冷水220g，盐5g。

配料： 黄瓜200g，绿豆芽200g，麻油10g，葱50g，蒜仔50g，盐15g，生抽20g，醋20g，香菜50g，干辣椒粉50g，菜籽油50g，酸豆角20g，酸萝卜30g，熟花生米20g，芝麻25g。

辅料： 生粉50g。

二、制作过程

1. **备料：** 将黄瓜切成长5~8cm，宽、厚均为0.2cm的细丝；绿豆芽掐头去尾焯水；干辣椒粉和芝麻拌匀，浇上热菜籽油成辣椒油；蒜仔拍碎泡水；葱去根须洗净切葱花；香菜去根须洗净切小段备用。
2. **调制面坯：** 面粉过筛，放在案板上开窝，加入盐、冷水，揉匀揉透，加盖湿毛巾醒面20min。
3. **成形：** 将面坯搓成长条，擀制成厚0.2cm的长方形薄片，表面撒生粉，折成宽6cm的长方形面皮，切成韭叶宽的条状，打散备用。
4. **成熟：** 面条下入沸水锅中煮制，点三次冷水，断生后放入冷水中过凉，捞出，加入黄瓜丝、豆芽、辣椒油、醋、麻油、生抽、盐、蒜水、葱花、香菜、酸豆角、酸萝卜、熟花生米拌匀即可。

三、成品特点

面条细长，形似韭叶，厚薄均匀，颜色丰富，清爽可口，鲜香麻辣。

四、制作关键

1. 凉拌面要调味准确。
2. 面坯调制要稍硬。
3. 面皮要求厚薄一致。
4. 煮制面条时要旺火沸水，断生即可。不宜多煮，否则面条发糊。

五、评价标准

总得分

项次	项目及技术要求	单次配分	得分
1	器皿清洁干净，个人卫生达标	10	
2	面条细长，形似韭叶，厚薄均匀	20	
3	颜色丰富	30	
4	清爽可口，鲜香麻辣	30	
5	卫生打扫干净，工具摆放整齐	10	

六、知识拓展

辣椒油的制作：将辣椒粉、胡椒粉、五香粉、芝麻、盐混合后放到一个耐高温的容器里，锅中倒入适量油，放入两颗八角，待油烧至九成热，关火，捞出八角，待油稍凉时分次倒入辣椒面中，搅匀，凉后即可使用。

实训6 炒面

一、原料配备

坯料： 面粉500g，冷水220g，盐5g。

配料： 猪肉200g，水发木耳100g，绿豆芽100g，盐5g，茶油100g，生抽10g，老抽10g，味精5g，葱50g，酸豆角20g，酸萝卜30g，剁辣椒10g，豆豉20g。

辅料： 生粉50g。

二、制作过程

1. **备料：** 猪肉切成长5～8cm，宽和厚均为0.3cm的中粗丝上浆，水发木耳切丝，绿豆芽掐头去尾，葱去根须洗净切葱花备用。
2. **调制面坯：** 面粉过筛，放在案板上开窝，加入盐、冷水，揉匀揉透，加盖湿毛巾醒面20min。
3. **成形：** 将面坯搓成长条，擀制成厚0.2cm的长方形薄片，表面撒生粉，折成宽6cm的长方形面皮，切成韭叶宽的条状，打散备用。
4. **成熟：** 面条下入沸水锅中煮制，点三次冷水，断生后捞出。将净锅置旺火上，倒入茶油烧热，加豆豉、剁辣椒炒香，依次加入盐、肉丝、豆芽、木耳、面条、生抽、老抽、味精炒制，调味拌匀，撒上葱花、酸豆角、酸萝卜即可。

三、成品特点

面条细长，形似韭叶，厚薄均匀，口味鲜香，筋道爽口。

四、制作关键

1. 面坯调制要稍硬。
2. 面皮要求厚薄一致。
3. 炒制时控制好火候。

五、评价标准

总得分

项次	项目及技术要求	单次配分	得分
1	器皿清洁干净，个人卫生达标	10	
2	面条细长，形似韭叶，厚薄均匀	20	
3	口味鲜香	30	
4	筋道爽口	30	
5	卫生打扫干净，工具摆放整齐	10	

六、知识拓展

中国的炒面种类繁多，各具特色。以下是一些著名的炒面品种。

洛阳炒面：洛阳炒面历史悠久，是洛阳地区的特色小吃。据传，慈禧太后曾对洛阳的炒面赞不绝口。

豉油皇炒面：这是广东地区特别喜爱的一道炒面，是广州人喝早茶时最爱点的小吃之一。炒制时加入韭菜、鱿鱼、洋葱等辅料，再倒入面条拌炒，加入生抽和老抽调味，色泽黝黑明亮，面条爽滑弹牙。

安庆炒面：安庆炒面以其独特的口感和制作工艺，深受当地人和游客的喜爱。

新疆爆炒面：这是新疆维吾尔族特色风味主食，以面片、羊肉片、青椒、菠菜等为原料炒制而成，味道独特，香辣可口。

此外，还有山西翼城的生炒面、云南的滇味炒面、湖北云梦的炒鱼面等，各具地方特色，深受人们的喜爱。

实训7 家常面片

一、原料配备

坯料：面粉500g，冷水220g，盐5g。

配料：猪肉250g，玉兰片100g，水发香菇100g，盐15 g，味精3g，生抽10g，老抽10g，猪油50g，菜籽油100g，胡椒粉10g，麻油10g，葱30g，大骨1000g。

辅料：生粉50g，冷水50g。

二、制作过程

1. **备料：**葱切葱花备用；猪肉切厚约0.2cm薄片，装入碗内，放盐2g、味精1g、生抽2g、老抽2g、生粉调制成湿淀粉抓匀，过油；玉兰片焯水，大骨熬制成汤备用。
2. **制码：**锅内放菜籽油烧热，依次加入玉兰片、水发香菇、猪肉煸炒，加入盐、生抽、老抽各8g，味精2g调味。出锅前加入胡椒粉、麻油增香。
3. **调制面坯：**面粉过筛，放在案板上开窝，加入盐、冷水，揉匀揉透，加盖湿毛巾醒面20min。
4. **成形：**将面坯搓成长条，擀制成厚0.2cm的长方形薄片，改刀切成长3cm、宽3cm的菱形片。
5. **成熟：**面条下入沸水锅中煮制，点三次冷水，保持锅面沸而不腾，待面片从水底浮至水面，由灰白色变成亮白色，即代表面片成熟，加入适量面汤，盖上面码，撒上葱花即可。

三、成品特点

形似菱形片，厚薄一致，口感爽滑，汤鲜味美，营养丰富。

四、制作关键

1. 面坯调制要稍硬。
2. 面皮要求厚薄一致，切菱形片。
3. 煮制时要旺火沸水，断生即可，不宜多煮，否则面片发糊。

五、评价标准

总得分

项次	项目及技术要求	单次配分	得分
1	器皿清洁干净，个人卫生达标	10	
2	形似菱形片，厚薄一致	20	
3	口感爽滑	30	
4	汤鲜味美	30	
5	卫生打扫干净，工具摆放整齐	10	

六、知识拓展

面片有多种，除了用刀切菱形片，还可揪成如“指甲盖”大小的面片入锅。根据面片形状不同，揪成指甲大小的面片称“指甲面片”，揪的面片比较大者称“拦咀面片”。

实训8 素馅水饺

一、原料配备

坯料：面粉500g，冷水250g，盐5g。

馅料：鸡蛋15个，干粉丝150g，盐15g，味精2g，生抽5g，胡椒粉2g，麻油5g，菜籽油50g。

二、制作过程

1. **备料**：鸡蛋打发，加盐调味；干粉丝泡发，切成约3.5cm长的小段。
2. **制馅**：净锅置旺火烧热，倒入菜籽油50g，加入鸡蛋滑炒，炒熟后出锅，冷却后拌入粉丝段，加入味精、生抽、胡椒粉、麻油拌匀备用。
3. **调制面坯**：面粉过筛，放在案板上开窝，加入盐、冷水，揉匀揉透，加盖湿毛巾醒面10min。
4. **成形**：将面坯搓成长条，下剂10g/个，逐个擀成直径8cm的圆皮，将圆皮放左手掌上，挑入馅心15g，双手挤捏成木鱼状。
5. **成熟**：水饺生坯放入沸水锅中，用手勺沿着锅边轻轻推动水面，点冷水3～5次，保持水沸而不腾，待饺子从水底浮至水面、饺皮透出馅心，用勺子轻按压可回弹，即代表饺子成熟，捞出装盘即可。

三、成品特点

皮薄爽滑，口感筋道，馅心饱满，蛋香鲜美，形似木鱼，无破碎、漏馅现象。

四、制作关键

1. 面坯调制软硬适宜。
2. 注意上馅的位置，面皮边缘不能沾有馅心。
3. 煮制时水足面宽。

五、评价标准

总得分

项次	项目及技术要求	单次配分	得分
1	器皿清洁干净，个人卫生达标	10	
2	皮薄爽滑，口感筋道	20	
3	馅心饱满，蛋香鲜美	30	
4	形似木鱼，无破碎、漏馅现象	30	
5	卫生打扫干净，工具摆放整齐	10	

六、知识拓展

饺子是中国传统食物，源于古代的角子。饺子原名“娇耳”，是医圣张仲景在长沙任太守时为应对严寒及瘟疫所发明的作为药用的一种面食，距今已有1800多年的历史了。如今，饺子既是民间常见的主食和地方小吃，也是年节食品，深受中国人民的喜爱。有一句俗话说“大寒小寒，吃饺子过年。”

实训9 香菇鲜肉饺

一、原料配备

坯料：面粉500g，冷水250g，盐5g。

馅料：五花肉500g，水发香菇250g，大骨汤250g，盐10g，味精2g，胡椒粉2g，麻油5g，生抽5g，老抽5g。

二、制作过程

1. **备料：**水发香菇洗净切小丁；五花肉剁成肉泥。
2. **制馅：**五花肉泥加盐、大骨汤搅打上劲，依次加入味精、麻油、胡椒粉、生抽、老抽、香菇丁拌匀，放入冰箱冷藏1h备用。
3. **调制面坯：**面粉过筛，放在案板上开窝，加入盐、冷水，揉匀揉透，加盖湿毛巾醒面10min。
4. **成形：**将面坯搓成长条，下剂10g/个，逐个擀成直径8cm的圆皮，将圆皮放左手掌上，挑入馅心15g，挤捏成木鱼状。
5. **成熟：**水饺生坯放入沸水锅中，用手勺沿着锅边轻轻推动水面，点冷水3～5次，保持水沸而不腾，待饺子从水底浮至水面、饺皮透出馅心，用勺子轻按压可回弹，即代表饺子成熟，捞出装盘即可。

三、成品特点

皮薄爽滑，口感筋道，馅心饱满，香菇味浓，形似木鱼，无破碎、漏馅、流汁现象。

四、制作关键

1. 肉馅加入大骨汤后顺着一个方向搅打。
2. 面坯调制软硬适宜。
3. 注意上馅的位置，面皮边缘不能沾有馅心。
4. 煮制时水足面宽。

五、评价标准

总得分

项次	项目及技术要求	单次配分	得分
1	器皿清洁干净，个人卫生达标	10	
2	皮薄爽滑，口感筋道	20	
3	馅心饱满，香菇味浓	30	
4	形似木鱼，无破碎、漏馅、流汁现象	30	
5	卫生打扫干净，工具摆放整齐	10	

六、知识拓展

干香菇种类繁多，其中一些品种因其独特的口感和品质而享有盛名。以下是一些有名的香菇品种。

花菇：花菇是香菇中的上品，素有“山珍”之称。它的菌盖坚挺，菌肉丰满，营养丰富，具有滋补养生的功效。花菇的顶面呈现淡黑色，菇底呈淡黄色，且肉厚、含水量低。花菇通常在温度低、空气干燥、温湿差较大的条件下生长，这样的环境下花菇的产量高，质量也好。

秀珍菇：秀珍菇又称草菇，外形呈椭圆形或扁圆形，笠径3～5cm，味道香浓可口，非常适合煲汤、炖菜，但其生长条件较为苛刻，一般需要温度适宜、通风良好、营养充足的环境。

实训10 韭菜鲜肉饺

一、原料配备

坯料：面粉500g，冷水250g，盐5g。

馅料：五花肉500g，韭菜250g，菜籽油80g，盐10g，味精2g，胡椒粉2g，麻油5g，大骨汤250g，生抽5g，老抽5g。

二、制作过程

1. **备料：**韭菜洗净切末，拌入菜籽油；五花肉剁成肉泥。
2. **制馅：**五花肉泥加盐、大骨汤搅打上劲，依次加入味精、麻油、胡椒粉、生抽、老抽、韭菜末拌匀，放入冰箱冷藏1h备用。
3. **调制面坯：**面粉过筛，放在案板上开窝，加入盐和冷水，揉匀揉透，加盖湿毛巾醒面10min。
4. **成形：**将面坯搓成长条，下剂10g/个，逐个擀成直径8cm的圆皮。将圆皮放左手掌上，挑入馅心15g，挤捏成木鱼状。
5. **成熟：**水饺生坯放入沸水锅中，用手勺沿着锅边轻轻推动水面，点冷水3～5次，保持水沸而不腾，待饺子从水底浮至水面、饺皮透出馅心，用勺子轻按压可回弹，即代表饺子成熟，捞出装盘即可。

三、成品特点

皮薄爽滑，口感筋道，馅心饱满，韭香鲜嫩，形似木鱼，无破碎、漏馅、流汁现象。

四、制作关键

1. 肉馅加入大骨汤后顺着一个方向搅打。
2. 面坯调制软硬适宜。
3. 注意上馅的位置，面皮边缘不能沾有馅心。
4. 煮制时水足面宽。

五、评价标准

总得分

项次	项目及技术要求	单次配分	得分
1	器皿清洁干净，个人卫生达标	10	
2	皮薄爽滑，口感筋道	20	
3	馅心饱满，韭香鲜嫩	30	
4	形似木鱼，无破碎、漏馅、流汁现象	30	
5	卫生打扫干净，工具摆放整齐	10	

六、知识拓展

韭菜鲜肉饺为湖南地区大众点心，因韭菜有久财之意，故也被称为“久财饺”。久，即时间长，久远，谓之久财，是祈福长久的物质财富，更是对天长地久的祈福，寓意长久、健康、和睦、快乐、幸福。

实训11 白菜鲜肉饺

一、原料配备

坯料： 面粉500g，冷水250g，盐5g。

馅料： 五花肉500g，白菜200g，盐10g，味精2g，胡椒粉2g，麻油5g，生抽5g，老抽5g，大骨汤250g。

二、制作过程

1. **备料：** 将白菜洗净切碎末，加盐5g腌渍10min后挤干水分备用；五花肉剁成肉泥。
2. **制馅：** 五花肉泥加盐5g、大骨汤搅打上劲，依次加入味精、麻油、胡椒粉、生抽、老抽、白菜拌匀，放入冰箱冷藏1h备用。
3. **调制面坯：** 面粉过筛，放在案板上开窝，加入盐、冷水，揉匀揉透，加盖湿毛巾醒面10min。
4. **成形：** 将面坯搓成长条，下剂10g/个，逐个擀成直径8cm的圆皮。将圆皮放左手掌上，挑入馅心15g，挤捏成木鱼状。
5. **成熟：** 水饺生坯放入沸水锅中，用手勺沿着锅边轻轻推动水面，点冷水3～5次，保持水沸而不腾，待饺子从水底浮至水面、饺皮透出馅心，用勺子轻按压可回弹，即代表饺子成熟，捞出装盘即可。

三、成品特点

皮薄爽滑，口感筋道，馅心饱满，鲜香爽脆，形似木鱼，无破碎、漏馅、流汁现象。

四、制作关键

1. 肉馅加入大骨汤后顺着一个方向搅打。
2. 面坯调制软硬适宜。
3. 注意上馅的位置，面皮边缘不能沾有馅心。
4. 煮制时水足面宽。

五、评价标准

总得分

项次	项目及技术要求	单次配分	得分
1	器皿清洁干净，个人卫生达标	10	
2	皮薄爽滑，口感筋道	20	
3	馅心饱满，鲜香爽脆	30	
4	形似木鱼，无破碎、漏馅、流汁现象	30	
5	卫生打扫干净，工具摆放整齐	10	

六、知识拓展

白菜鲜肉饺为湖南地区大众面食，因白菜有百财之意，故又称为“百财饺”。

实训12 玉米鲜肉饺

一、原料配备

坯料： 面粉500g，冷水250g，盐5g。

馅料： 五花肉500g，鲜玉米250g，盐10g，味精2g，胡椒粉2g，麻油5g，生抽5g，老抽5g，大骨汤250g。

二、制作过程

1. **备料：** 将玉米掰成小颗粒，焯水后切碎；五花肉剁成肉泥。
2. **制馅：** 将五花肉泥加盐、大骨汤搅打上劲，依次加入味精、麻油、胡椒粉、生抽、老抽、玉米拌匀，放入冰箱冷藏1h备用。
3. **调制面坯：** 面粉过筛，放在案板上开窝，加入盐、冷水，揉匀揉透，加盖湿毛巾醒面10min。
4. **成形：** 将面坯搓成长条，下剂10g/个，逐个擀成直径8cm的圆皮。将圆皮放左手掌上，挑入馅心15g，挤捏成木鱼状。
5. **成熟：** 水饺生坯放入沸水锅中，用手勺沿着锅边轻轻推动水面，点冷水3～5次，保持水沸而不腾，待饺子从水底浮至水面、饺皮透出馅心，用勺子轻按压可回弹，即代表饺子成熟，捞出装盘即可。

三、成品特点

皮薄爽滑，口感筋道，馅心饱满，口感鲜香，玉米颗粒分明，形似木鱼，无破碎、漏馅、流汁现象。

四、制作关键

1. 肉馅加入大骨汤后顺着一个方向搅打。
2. 面坯调制软硬适宜。
3. 注意上馅的位置，面皮边缘不能沾有馅心。
4. 煮制时水足面宽。

五、评价标准

总得分

项次	项目及技术要求	单次配分	得分
1	器皿清洁干净，个人卫生达标	10	
2	皮薄爽滑，口感筋道	20	
3	馅心饱满，口感鲜香	30	
4	形似木鱼，无破碎、漏馅、流汁现象	30	
5	卫生打扫干净，工具摆放整齐	10	

六、知识拓展

玉米在中国的流传历史可以追溯至明朝时期。

当时，随着葡萄牙人和西班牙人的远航和贸易，玉米通过日本和菲律宾等地传入中国。明朝万历年间（1573—1620年），玉米的种植和食用记录开始出现。然而，当时玉米并没有得到广泛的推广和应用，只是作为奇特的食品或观赏植物。

到了清朝时期，随着外交和贸易的不断发展，玉米逐渐被引入中国各地，并开始在南方地区进行大规模的种植。随着时间的推移，玉米的品种逐渐丰富和优化，成为中国重要的粮食作物之一，广泛用于人类食品、饲料、工业原料等方面。

实训13 绉纱馄饨

一、原料配备

坯料： 面粉500g，冷水220g，食用碱5g。

馅料： 五花肉500g，盐6g，味精2g，生抽5g，姜末2g，鸡汤300g。

辅料： 生粉50g，紫菜25g，虾皮30g，熟猪油30g，榨菜30g，盐15g，味精10g，葱20g，醋20g，老抽10g，生抽10g，鸡汤2500g。

二、制作过程

1. **备料：** 葱去根须洗净切葱花；榨菜洗净切末，五花肉剁成肉泥。
2. **制馅：** 将五花肉泥加入盐、味精、生抽、姜末搅匀，倒入鸡汤搅打上劲，放入冰箱冷藏1h备用。
3. **调制面坯：** 面粉过筛，放在案板上开窝，加入食用碱、冷水，揉匀揉透，加盖湿毛巾醒面20min。
4. **成形：** 案面上撒生粉防粘，将面坯搓成长条，擀成厚0.1cm的正方形薄片，切成规格为7cm×7cm的正方形坯皮，将坯皮放在左手掌心上，用馅挑挑上馅5g放面皮上方，顺势卷向下边，抽出馅挑，将面皮两端对折合拢粘牢即成生坯。
5. **成熟：** 碗中放入盐、味精、熟猪油、紫菜、虾皮、生抽、老抽、醋、榨菜末及滚沸的鸡汤，锅内加入水烧沸后，下入馄饨生坯煮制，待馄饨浮起后捞出倒入配好料的汤碗中，表面撒葱花即可。

三、成品特点

皮薄如纱，呈玉色半透明，汤汁浓醇，吃口爽滑，肉鲜味美。

四、制作关键

1. 馅心应搅打上劲，使其有较好的黏性，馄饨馅心一般颜色较浅，不宜多放酱油。
2. 调制面坯时要加入适量的食用碱，以提高坯皮爽滑的口感。
3. 切面皮时，应撒上适量的生粉以防止面皮粘连。
4. 煮制时旺火沸水，断生即可，不宜多煮。

五、评价标准

总得分

项次	项目及技术要求	单次配分	得分
1	器皿清洁干净，个人卫生达标	10	
2	配料准备齐全	20	
3	皮薄如纱，呈玉色半透明	30	
4	吃口爽滑，肉鲜味美	30	
5	卫生打扫干净，工具摆放整齐	10	

六、知识拓展

绉纱馄饨皮薄而透，馅少而精，飘逸轻薄，纯洁淡雅，薄如轻纱，入口即化。绉纱是指馄饨皮在碗中似新娘裙摆的雅称，为湖南特色名点。古人认为这是一种密封的包子，没有七窍，所以称为“浑沌”，依据中国造字的规则，后来才称为“馄饨”。至唐朝起，正式区分了馄饨与水饺的称呼。中国有许多有名的馄饨品种，以下是其中一些：

福建千里香馄饨：特点是皮薄馅大，馅料是猪肉的前腿肉制作的，肉质紧致，佐以姜汁、葱花等调料，味道鲜美，十分美味。

北京馄饨侯：北京传统名吃，特点是味道鲜美，汤汁清香，馄饨皮薄，十分开胃。馄饨的制作方法是将面团擀成薄皮，再将馅料包入，然后两端捏起，捏成半月形，最后煮熟上汤即可。

四川红油抄手：四川传统的小吃，特点是鲜香辣口，馅料有虾仁、猪肉、鲜菇等，味道鲜美，汤汁浓郁，辣味十足。制作方法是将抄手煮熟后沥干水，再浇上红油、花椒、蒜泥等佐料。

江苏车桥馄饨：江苏省传统小吃，属于淮扬菜名小吃。特点是皮薄馅细，入口爽滑，味道鲜美，汤汁清香。制作时需要将皮做薄，馅捶细，配上特制调料。

广东云吞：广东人喜欢的美食之一。汤十分清澈，包法要求快，吃起来能一口一个。加入熬制的高汤，更加鲜香四溢。

实训14 响铃馄饨

一、原料配备

坯料： 面粉500g，冷水220g，食用碱5g。

馅料： 五花肉500g，盐6g，味精2g，生抽5g，姜末2g，鸡汤300g。

辅料： 水发鱿鱼200g，五花肉200g，玉兰片200g，水发香菇100g，蒜20g，猪油30g，盐15g，生抽10g，老抽10g，香醋20g，葱50g，麻油10g，色拉油1000g，鸡汤3000g，生粉50g。

二、制作过程

1. **备料：** 将辅料中的葱去根须洗净切葱花；五花肉、水发鱿鱼、玉兰片洗净，切成长2cm、宽2cm，厚约0.2cm的薄片；蒜剥皮切末；水发香菇切宽、厚均为0.2cm的细丝备用。将馅料中的五花肉剁成泥。
2. **制馅：** 将五花肉泥加入盐、味精、生抽、姜末搅匀，倒入鸡汤搅打上劲，放入冰箱冷藏1h备用。
3. **调制面坯：** 面粉过筛，放在案板上开窝，加入食用碱、冷水，揉匀揉透，加盖湿毛巾醒面20min。
4. **成形：** 案面上撒生粉防粘，将面坯搓成长条，擀成厚0.1cm的正方形薄片，切成长7cm、宽7cm的面皮，将坯皮放在左手掌心上，用馅挑挑上馅放面皮上方，顺势卷向下边，抽出馅挑，将面皮两端对折合拢粘牢即成生坯。
5. **成熟：** 将净锅置旺火上，倒入色拉油烧至七成热，下入馄饨炸制，待色泽金黄捞出，沥干油汁备用。锅中放油，依次加入蒜末、五花肉片、玉兰片、香菇丝、鱿鱼片翻炒断生，倒入鸡汤煮制，加入盐、生抽、老抽、猪油、麻油、香醋调味，大火收汁。烧沸的码料趁热淋在炸制好的馄饨表面，撒上葱花即可。

三、成品特点

馄饨形状完整，色泽焦黄，香酥爽脆，馅心鲜嫩，汤浓味鲜，营养丰富。

四、制作关键

1. 调制面坯时要加入适量的食用碱，使坯皮爽滑。切面皮时，应撒上适量的生粉以防止相互粘连。

2. 馅心应搅打上劲，具有黏性。

3. 煮馄饨时，需旺火沸水，制品断生即好，不宜多煮，否则口感发糊不爽。

4. 炸馄饨时，油温要控制好。

5. 码料淋上馄饨要发出“吡吡”的响声，故炸制馄饨的油温和时间要控制精准。

五、评价标准

总得分

项次	项目及技术要求	单次配分	得分
1	器皿清洁干净，个人卫生达标	10	
2	馄饨形状完整，金黄酥脆	20	
3	码料改刀规整，汤汁浓稠，咸香适口	30	
4	香酥爽脆，馅心鲜嫩，汤浓味鲜	30	
5	卫生打扫干净，工具摆放整齐	10	

六、知识拓展

响铃馄饨为湖南特色小吃，其外形设计为元宝状，其一是因为响铃馄饨出锅后颜色为金黄色，其二则喻示经营响铃馄饨的门面生意兴隆。在制作工艺上响铃馄饨与以前的馄饨有所不同，不是下锅煮，而是采用“炸”的传统工艺来加工，炸好后颜色金黄剔透，极为诱人，往往能引得人们食指大动。响铃馄饨不仅表面呈金黄色，外酥里嫩，皮薄馅香，在吃的时候趁热淋入滚烫的汤汁，在淋入汤汁的一霎，会有“吡吡吡吡”的响声，更是令响铃馄饨增加听觉特性，除了可以增加人的口味，还可以让人有听觉的享受。它与被誉为“平地一声雷”或“天下第一响”的虾仁锅巴有异曲同工之处。

实训15 腊味春卷

一、原料配备

坯料：面粉500g，冷水300g，盐5g。

馅料：菜籽油100g，湘西腊肉200g，里脊肉200g，水发鱿鱼200g，韭黄150g，豆芽150g，盐10g，料酒10g，味精10g，淀粉50g。

辅料：色拉油1000g。

二、制作过程

1. **备料**：将韭黄洗净切长约5cm的段；豆芽去头尾洗净焯水；湘西腊肉洗净蒸熟，里脊肉、水发鱿鱼洗净，均切成长约3cm，宽、厚均为0.2cm的细丝。
2. **制馅**：锅内放菜籽油，依次下入腊肉丝、里脊肉丝、鱿鱼丝炒香，加料酒、盐、味精调味后用淀粉勾芡，炒熟后倒入盆中放凉，拌入韭黄段、豆芽备用。
3. **调制面坯**：面粉过筛，放在案板上开窝，加入冷水、盐拌匀成稀软面团，反复调制，甩拍至面坯具有较强的韧性，然后摊平面浆，徐徐倒入冷水淹没浆团，不使其风干结皮，静置2h。
4. **成形**：取鏊板洗净置于小火上烘热，用油纸擦光滑并烧热，一手捞起一小块静置后的面浆不停地甩动，不使浆团下落，然后把浆团下垂至锅中间，自里向外顺时针方向沾一圈，摊成直径15cm的圆形薄皮，随即将浆团向上一提，浆团即缩回手中，待薄皮变色边缘微翘起后立即揭起翻面略烘，取出叠在一起以防干裂。依次逐一摊完，取一张坯皮放在面板上，另取馅心放在皮子的一边，包卷成长度为7cm、宽度为3cm的长条形状，在封口处沾少许清水使生坯包裹严实防止松散，即成春卷生坯。
5. **成熟**：净锅置旺火上，倒入色拉油烧至六成热，将春卷生坯逐个投入，边炸边翻动，炸至淡黄色时捞出，升高油温后复炸至金黄色捞出即可。

三、成品特点

形似条状，色泽金黄，外皮酥脆，馅心鲜嫩，口感咸香。

四、制作关键

1. 制馅心时，韭黄和豆芽应在其他原料成熟出锅后拌入，确保其脆嫩程度。同时，馅心勾芡要浓，使制品具有底味浓郁的特点。
2. 面坯在调制时，应反复溜面，使其具有较好的韧性，且调好的稀软面团应用冷水封面，一方面能避免面浆结皮，另一方面能使粉粒充分吸水，面浆更加细腻有劲。
3. 摊皮时，动作应熟练，要控制火候及平锅内的油量，火力要小，且锅内油量宜少，多了面浆打滑不粘锅，少了则面皮不宜揭下，同时拿面浆的手应不停地上下抖动，手感发热时应另换冷面浆。
4. 包馅成形时注意长短，粗细形态一致，为长条状，不得漏馅。
5. 油炸时要控制好火候油温，防止制成品色泽深浅不一。

五、评价标准

总得分

项次	项目及技术要求	单次配分	得分
1	器皿清洁干净，个人卫生达标	10	
2	形状规整似条状	20	
3	色泽金黄	30	
4	外皮酥脆，馅心鲜嫩，口感咸香	30	
5	卫生打扫干净，工具摆放整齐	10	

六、知识拓展

春卷，又称春饼、春盘、薄饼，是民间节日的一种传统面食，流行于中国各地，在湖南尤盛。湖南长沙地区的传统特色小吃湘宾春卷具有香脆、绵软、多汁、鲜嫩的特点，其馅更是使用了湖南特色的湘西腊肉、鱿鱼丝、韭黄等原料，是一种时令性较强的美食。

实训16 茶馓

一、原料配备

坯料： 面粉500g，盐7g，清水250g。

辅料： 色拉油1000g。

二、制作过程

1. **调制面坯：** 面粉过筛，放在案板上开窝，加入盐、清水调制成团，反复搋揉，醒30min揉1次，反复3次后将面坯分成10份，分别揉至表面光滑。
2. **成形：** 面坯压成圆饼，由外向内顺时针用刀将面饼裁剪成宽约2cm的条状并拉长，搓成筷子粗细的圆长条，盘成数层浸入色拉油中醒面1h。
3. **成熟：** 将净锅置旺火上，倒入色拉油烧至七成热，面坯拉细，拿起面头，绕5～6圈在筷子上并进一步抻面使面条粗细均匀，入油锅中浸炸，待制品定型抽出筷子，炸至金黄色时捞出摆盘即可。

三、成品特点

色泽黄亮均匀，口感稍咸，酥脆油香，形状完整不断裂。

四、制作关键

1. 面坯调制要稍软，否则面坯拉不开。
2. 浸油时间要长，使面坯具有更好的延伸性及更小的筋力。
3. 炸制时油温的精准控制是关键，抻条要求粗细均匀。

五、评价标准

总得分

项次	项目及技术要求	单次配分	得分
1	器皿清洁干净，个人卫生达标	10	
2	色泽黄亮均匀	20	
3	口感稍咸，酥脆油香	30	
4	形状完整不断裂	30	
5	卫生打扫干净，工具摆放整齐	10	

六、知识拓展

长沙火宫殿的风味小吃享誉三湘，以火宫殿为龙头，形成了“长沙美食一条街”。火宫殿气势雄伟，一宫（火宫殿），二庙（火神庙，财神庙），二阁（普慈阁，弥陀阁）的建筑格局，弘扬了三湘饮食文化，形成了一批各具特色的风味小吃。肉丝馓子为“八大小吃十二名肴”之一。馓子古人称寒具，长沙旧时称焦盐馓子。《本草纲目·谷部》记载：“寒具，即今馓子也，以糯粉和面，入少盐，牵索纽捻成环钏之形，油煎食之。”宋代文豪苏轼爱吃馓子，曾为街头一馓子店撰写一首“纤手搓来玉数寻，碧油煎出嫩黄深。夜来春睡浓于酒，压褊佳人缠臂金”的诗。火宫殿的肉丝馓子更胜一筹，馓子炸成金黄色后，用鸡、猪骨熬制的高汤稍煮，入碗时佐以葱花、麻油，可谓糯软芳香，落口消溶。

实训17 馅饼

一、原料配备

坯料： 面粉500g，冷水350g，盐5g。

馅料： 五花肉500g，大葱150g，生姜5g，盐10g，花椒粉2g，味精3g，麻油15g，菜籽油20g，老抽8g，生抽8g，大骨汤250g。

辅料： 菜籽油50g。

二、制作过程

1. **备料：** 将大葱去根须洗净切末，生姜洗净切末，五花肉剁成肉泥备用。
2. **制馅：** 将五花肉泥加入盐、大骨汤搅打上劲，依次加入花椒粉、葱末、姜末、味精、麻油、菜籽油、老抽、生抽一起拌匀成馅，放冰箱冷藏1h备用。
3. **调制面坯：** 面粉过筛，放在案板上开窝，加入盐、冷水，揉匀揉透，加盖湿毛巾醒面15min。
4. **成形：** 将面坯搓成长条，下剂子25g/个，逐个拍扁擀成直径约8cm的圆皮，上馅50g/个收口，再擀成圆饼生坯。
5. **成熟：** 平锅倒入菜籽油烧热，放入饼坯，待烙出虎皮纹时，翻转烙至两面金黄，饼坯边缘有较强的弹性即可出锅装盘。

三、成品特点

皮薄馅多，皮脆馅嫩，色泽焦黄，形圆味鲜，不漏馅不破皮。

四、制作关键

1. 面坯调制软硬适宜。
2. 成形时，馅心要上匀，收口要匀正，保证上下四周坯皮厚薄均匀。
3. 烙制温度为200℃，温度过低则饼面干硬，温度过高则外焦里生。

五、评价标准

总得分

项次	项目及技术要求	单次配分	得分
1	器皿清洁干净，个人卫生达标	10	
2	皮薄馅多，不漏馅不破皮	20	
3	皮脆馅嫩，色泽焦黄	30	
4	形状圆润，馅心咸香	30	
5	卫生打扫干净，工具摆放整齐	10	

六、知识拓展

馅饼顾名思义馅心较多，是中国民间家常食品，制作方式有煎、烤、烙等。馅饼的馅料可以是各类型的食材，例如肉类、蔬菜、海鲜及蛋类等，味道以咸香鲜味为主。

实训18 双油珍珠烧卖

一、原料配备

坯料：面粉500g，盐5g，冷水220g。

馅料：肥膘肉1000g，圆糯米1500g，盐10g，老抽15g，味精15g，麻油25g，胡椒粉20g。

二、制作过程

1．**备料：**将肥膘肉切小块，放入锅中炼制成猪油，油渣切末备用；糯米洗净泡发2h。

2．**制馅：**糯米蒸制2h后凉凉，依次加入猪油、油渣、老抽、盐、味精、麻油、胡椒粉拌匀备用。

3．**调制面坯：**面粉过筛，放在案板上开窝，加入盐、冷水，揉匀揉透后加盖湿毛巾醒面20min。

4．**成形：**将面坯搓成长条，揪坯剂10g/个，逐个擀成荷叶形圆皮。左手托皮，右手上馅25g/个，然后将皮子慢慢收口并捏拢成梨形即成生坯。

5．**成熟：**生坯逐个摆入蒸笼内，旺火足汽蒸10min，取出装盘即可。

三、成品特点

形如梨状，皮薄光亮，馅心软滑，滋糯油亮，味咸鲜，具有胡椒香。

四、制作关键

1．坯皮要擀得圆整，且厚薄均匀，呈荷叶边，不能擀破，防止漏馅。

2．蒸制时要求火大气足，一气呵成，但不可蒸制过头。

五、评价标准

总得分

项次	项目及技术要求	单次配分	得分
1	器皿清洁干净，个人卫生达标	10	
2	形如梨状	20	
3	皮薄光亮	30	
4	馅心软滑，滋糯油亮，味咸鲜，具有胡椒香	30	
5	卫生打扫干净，工具摆放整齐	10	

六、知识拓展

双油珍珠烧卖是一道具有悠久历史和独特风味的湖南美食，其起源可以追溯到晚清时期，当时左宗棠部队中的老兵将江浙一带的糯米烧卖做法带回长沙，经过后人的不断改良和创新，逐渐形成了如今所见的双油珍珠烧卖。

实训19 菊花烧卖

一、原料配备

坯料：面粉500g，盐5g，冷水220g。

馅料：五花肉1000g，葱25g，盐10g，老抽15g，味精5g，麻油25g，胡椒粉20g，大骨汤500g。

装饰料：鸡蛋1个。

二、制作过程

1. **备料：**将葱去根须洗净切葱花；五花肉剁成肉泥；鸡蛋煮熟，取蛋黄，碾碎作装饰料备用。
2. **制馅：**将五花肉泥加入盐、大骨汤搅打上劲，依次加入老抽、味精、麻油、胡椒粉、葱花拌匀，放入冰箱冷藏1h。
3. **调制面坯：**面粉过筛，放在案板上开窝，加入盐、冷水，揉匀揉透后加盖湿毛巾醒面20min。
4. **成形：**将面坯搓成长条，揪坯剂10g/个，逐个擀成荷叶边圆皮。左手托皮，右手上馅15g/个，然后将皮子慢慢收口，并在齐腰处捏拢变细。最后在开口处将馅心摊平，并点缀少量蛋黄末，即成生坯。
5. **成熟：**将生坯逐个摆入蒸笼内，旺火足汽蒸10min，取出装盘即可。

三、成品特点

形如菊花，皮薄肉多，鲜香味美。

四、制作关键

1. 坯皮要擀制圆整，厚薄均匀，呈“金钱底，荷叶边”，不能擀破，防止漏馅。
2. 蒸制时要火大气足。

五、评价标准

总得分

项次	项目及技术要求	单次配分	得分
1	器皿清洁干净，个人卫生达标	10	
2	形似菊花，挺拔无明显塌陷	20	
3	皮薄馅足	30	
4	鲜香味美	30	
5	卫生打扫干净，工具摆放整齐	10	

六、知识拓展

菊花烧卖是湖南名小吃之一，尤其以长沙火宫殿和玉楼东的菊花烧卖，深受长沙人的喜爱。菊花烧卖包皮透亮，味咸椒香，顶端开口处用蛋黄点缀成菊花瓣状，更显雅致。

实训20 小花片

一、原料配备

坯料： 面粉500g，冷水220g，红糖80g，白糖80g，盐5g。

辅料： 色拉油1000g。

二、制作过程

1. **调制面坯：** 面粉过筛，先取一半放在案板上开窝，加入冷水、红糖、盐和面，揉匀揉透后加盖湿毛巾醒面20min；另一半面粉开窝，加冷水、白糖、盐和面，揉匀揉透后加盖湿毛巾醒面20min。
2. **成形：** 两块面坯分别擀成长方形面皮，中间抹水重叠，卷筒，用刀切成薄片。
3. **成熟：** 净锅置旺火上，倒入色拉油烧至五成热，下入小花片生坯，炸至金黄酥脆出锅装盘即可。

三、成品特点

厚薄均匀，形状完整，呈圆形或椭圆形，红白相间，松香酥脆。

四、制作关键

1. 面坯调制稍硬，卷筒要紧。
2. 切片越薄越好，可将卷筒的“面条”置于冰箱冷藏1h，降低切片的难度。
3. 用中低温油炸制。
4. 凉凉后，口感酥脆。

五、评价标准

总得分

项次	项目及技术要求	单次配分	得分
1	器皿清洁干净，个人卫生达标	10	
2	厚薄均匀	20	
3	形状完整，呈圆形或椭圆形	30	
4	松香酥脆	30	
5	卫生打扫干净，工具摆放整齐	10	

六、知识拓展

小花片，湖南地方传统糕点之一，历史悠久，因形状很像猫的耳朵，又称“猫耳朵”。该产品既是逢年过节招待宾朋、馈赠亲友的大众化食品，也是下酒品茶、做菜开汤的理想食品，生产遍及湖南各地。产品为白皮红芯，色泽鲜艳，呈圆片状，香、酥、脆，甜中带咸。

实训21 韭菜合子

一、原料配备

坯料：面粉500g，冷水250g，盐5g。

馅料：鸡蛋5个，韭菜500g，菜籽油180g，盐10g，老抽15g，味精15g，麻油25g，胡椒粉20g。

辅料：色拉油50g。

二、制作过程

1. **备料：**将韭菜洗净切末，拌入菜籽油，鸡蛋打散加入盐调味。
2. **制馅：**净锅置旺火上烧热，加菜籽油，下入鸡蛋滑炒松散后出锅，冷却后拌入韭菜末，加盐、老抽、味精、麻油、胡椒粉调味备用。
3. **调制面坯：**面粉过筛，放在案板上开窝，加入盐、冷水，揉匀揉透后加盖湿毛巾醒面15min。
4. **成形：**将面坯搓成长条，下剂30g/个，逐个擀成圆形坯皮，左手托皮，右手上馅80g/个，然后将皮子慢慢收口成半圆形，收口处用锁绳边锁紧即成生坯。
5. **成熟：**平底锅内放入色拉油，将生坯放于平底锅上小火煎至两面焦黄、内部成熟后装盘即可。

三、成品特点

色泽焦黄，外脆内软，油香味嫩，形状完整，不漏馅不破皮。

四、制作关键

1. 坯皮要擀制圆整，厚薄均匀，不能擀破，防止漏馅。
2. 煎制时控制好火候，保证产品色泽焦黄，口感香脆。

五、评价标准

总得分

项次	项目及技术要求	单次配分	得分
1	器皿清洁干净，个人卫生达标	10	
2	色泽焦黄	20	
3	外脆内软，油香味嫩	30	
4	形状完整，不漏馅不破皮	30	
5	卫生打扫干净，工具摆放整齐	10	

六、知识拓展

韭菜合子，起源于唐朝时期，当时被称为“韭菜思远”，因其形状与古代的铜钱相似，有时也被称为“金钱盒”。

任务二　温水面坯类湘点制作

实训1　鸳鸯饺

一、原料配备

坯料：面粉500g，温水250g。

馅料：五花肉500g，水发香菇250g，姜15g，盐10g，老抽5g，生抽5g，味精2g，麻油5g，大骨汤200g。

装饰料：鸡蛋5个。

二、制作过程

1. **备料**：将水发香菇洗净切末；五花肉剁成肉泥；鸡蛋煮熟，蛋白蛋黄分开，切碎备用。
2. **制馅**：将五花肉泥加入盐、大骨汤搅打上劲，依次加入香菇末、味精、麻油、姜、老抽、生抽搅拌均匀，放冰箱冷藏1h备用。
3. **调制面坯**：面粉过筛，在案板上开窝，加入温水和成面团，和好的面团摊开散热后揉匀揉透，再加盖湿毛巾醒面20min。
4. **成形**：将面坯搓成长条，下剂12g/个，逐个擀制成直径10cm的圆皮。 左手托皮，右手上馅10g/个，从中间把饺皮捏紧，再将两侧捏起，边与边粘连，在两边的孔洞分别装饰蛋黄和蛋白，即成鸳鸯饺生坯。
5. **成熟**：将生坯逐个摆入蒸笼内，旺火足汽蒸10min，取出装盘即可。

三、成品特点

皮呈白色，口感柔润，上部装饰料黄白分明，馅心鲜嫩，口味鲜醇，形似鸳鸯。

四、制作关键

1. 馅心加汤量较少，否则影响成形。

2．掌握好水温，控制在65℃左右。
3．掌握坯皮大小，要圆，厚薄一致。

五、评价标准

总得分

项次	项目及技术要求	单次配分	得分
1	器皿清洁干净，个人卫生达标	10	
2	皮呈白色，口感柔润	20	
3	上部装饰料黄白分明，馅心鲜嫩，口味鲜醇	30	
4	形似鸳鸯	30	
5	卫生打扫干净，工具摆放整齐	10	

六、知识拓展

鸳鸯饺是一道具有独特风味和精致外观的传统小吃，以其色彩鲜艳、造型美观和味道鲜美的特点而广受喜爱。除了美味可口，鸳鸯饺还蕴含着丰富的文化内涵。传统的鸳鸯饺用鸡肉和鱼肉来表示“鸳鸯戏水”的传说，以此来表达男女之间爱情的坚定不移。

实训2 四喜饺

一、原料配备

坯料： 面粉500g，温水250g。

馅料： 五花肉500g，水发香菇250g，姜15g，盐10g，老抽5g，生抽5g，味精2g，麻油5g，大骨汤200g。

装饰料： 鸡蛋5个，火腿肠100g，水发香菇100g。

二、制作过程

1. **备料：** 将水发香菇洗净切末炒香；五花肉剁成肉泥；鸡蛋煮熟，蛋白蛋黄分开，切末；火腿肠切末；姜切末。
2. **制馅：** 将五花肉泥加入盐、大骨汤搅打上劲，依次加入姜末、香菇末、味精、麻油、老抽、生抽搅拌均匀，放冰箱冷藏1h备用。
3. **调制面坯：** 面粉过筛，在案板上开窝，加入温水和成面团，和好的面团摊开散热后揉匀揉透，再加盖湿毛巾醒面20min。
4. **成形：** 将面坯搓成长条，下剂12g/个，逐个擀制成直径10cm的圆皮。左手托皮，右手上馅10g/个，将圆皮周边分作四等份，用双手指叉住各个部位，推拢到中间粘紧，成四个孔洞，再将四个孔洞的边捏一下，分别在四个孔洞里装入蛋白、蛋黄、火腿肠末、香菇末，即成四喜饺生坯。
5. **成熟：** 将生坯逐个摆入蒸笼内，旺火足汽蒸10min，取出装盘即可。

三、成品特点

皮呈白色，口感柔润，四色分明，造型美观，鲜糯适口，营养丰富。

四、制作关键

1. 馅心加汤量较少，否则影响外观。
2. 水温控制在65℃左右。
3. 掌握坯皮大小，要圆，厚薄一致。
4. 四个孔洞要求大小一致。

五、评价标准

总得分

项次	项目及技术要求	单次配分	得分
1	器皿清洁干净，个人卫生达标	10	
2	皮呈白色，口感柔润	20	
3	四色分明，造型美观	30	
4	鲜糯适口	30	
5	卫生打扫干净，工具摆放整齐	10	

六、知识拓展

四喜饺为湖南的一道特色点心，色、香、味俱全，鲜嫩而有弹性，多用于喜庆宴席上。

实训3 梅花饺

一、原料配备

坯料：面粉500g，温水250g。

馅料：五花肉500g，水发香菇250g，姜15g，盐10g，老抽5g，生抽5g，味精2g，麻油5g，大骨汤200g。

装饰料：火腿肠300g。

二、制作过程

1. **备料：**将水发香菇洗净切末；姜洗净切末；五花肉剁成肉泥；火腿肠切末备用。
2. **制馅：**将五花肉泥加盐、大骨汤搅打上劲，依次加入香菇末、味精、麻油、生抽、老抽、姜末搅拌均匀，放入冰箱冷藏1h备用。
3. **调制面坯：**面粉过筛，在案板上开窝，加入温水和成面团，和好的面团摊开散热后揉匀揉透，再加盖湿毛巾醒面20min。
4. **成形：**将面坯搓成长条，下剂12g/个，逐个擀制成直径10cm的圆皮；左手托皮，右手上馅10g/个，将圆皮周边分作五等份，用双手指叉住各个部位，推拢到中间粘紧，成五个孔洞，再将五个孔洞的边捏一下，在五个孔洞里装入火腿肠末，即成梅花饺生坯。
5. **成熟：**将生坯逐个摆入蒸笼内，旺火足汽蒸10min，取出装盘即可。

三、成品特点

皮色洁白，馅色红艳，形似梅花，皮质柔润，馅心鲜嫩，口感香醇，营养丰富。

四、制作关键

1. 馅心加汤量较少，否则影响外观。
2. 控制好水温在65℃左右，注意面坯用水量。
3. 坯皮大小均匀，形状圆润，厚薄一致，五个孔洞要求大小一致。

五、评价标准

总得分

项次	项目及技术要求	单次配分	得分
1	器皿清洁干净，个人卫生达标	10	
2	皮色洁白，馅色红艳	20	
3	孔洞大小一致	30	
4	皮质柔润，馅心鲜嫩，口感香醇	30	
5	卫生打扫干净，工具摆放整齐	10	

六、知识拓展

梅花饺是一种传统的小吃，以其独特的形状和美味的口感而著称。它的制作过程精细且讲究，体现了中国传统美食文化的精髓。其历史可以追溯到乾隆年间，相传乾隆皇帝微服私访下江南时，在集市上偶然见到这种糕点，大为赞赏，并因其形如梅花而赐名“梅花饺”。

实训4 冠顶饺

一、原料配备

坯料：面粉500g，温水250g。

馅料：五花肉500g，水发香菇250g，姜15g，盐10g，老抽5g，生抽5g，味精2g，麻油5g，大骨汤200g。

二、制作过程

1. **备料**：将水发香菇洗净切末；姜洗净切末；五花肉剁成肉泥。
2. **制馅**：将五花肉泥加入盐、大骨汤搅打上劲，再依次加入香菇末、味精、麻油、生抽、老抽、姜末搅拌均匀，放入冰箱冷藏1h备用。
3. **调制面坯**：面粉过筛，在案板上开窝，加入温水和成面团，和好的面团摊开散热后揉匀揉透，再加盖湿毛巾醒面20min。
4. **成形**：将面坯搓成长条，下剂12g/个，逐个擀制成直径10cm的圆皮；将圆皮折起三边，叠成三角形后，翻面上馅8g/个，将三角提起三边粘连包馅呈立体三角形，翻出叶片，推搓出花纹，即成冠顶饺生坯。
5. **成熟**：将生坯逐个摆入蒸笼内，旺火足汽蒸10min，取出装盘即可。

三、成品特点

皮呈白色，口感柔润，皮薄馅鲜，表面花纹清晰，立体三角形状规整。

四、制作关键

1. 馅心加汤量较少，否则影响外观。
2. 控制好水温在65℃左右。
3. 掌握坯皮大小，要圆，厚薄一致。

五、评价标准

总得分

项次	项目及技术要求	单次配分	得分
1	器皿清洁干净，个人卫生达标	10	
2	皮呈白色，口感柔润	20	
3	油润溢香	30	
4	表面花纹清晰，立体三角形状规整	30	
5	卫生打扫干净，工具摆放整齐	10	

六、知识拓展

冠顶饺，又称冠顶蒸饺，是一道具有独特造型和美味口感的传统小吃，其形状酷似鸡冠，因此得名。此外，冠顶饺还因其翻出的边窝像小船，被形象地称为“金山三船饺”。这一特色名称不仅增添了冠顶饺的趣味性，也体现了中国传统美食文化的丰富多样。

实训5 白菜饺

一、原料配备

坯料： 面粉500g，温水250g。

馅料： 五花肉500g，水发香菇250g，姜15g，盐10g，老抽5g，生抽5g，味精2g，麻油5g，大骨汤200g。

二、制作过程

1. **备料：** 将水发香菇洗净切末；姜洗净切末；五花肉剁成肉泥。
2. **制馅：** 将五花肉泥加入盐、生抽、老抽腌制10min，再分次加入大骨汤搅打上劲，依次加入水发香菇末、味精、麻油、姜末搅拌均匀成馅，放冰箱冷藏1h备用。
3. **调制面坯：** 面粉过筛，在案板上开窝，加入温水和成面团，和好的面团摊开散热后揉匀揉透，再加盖湿毛巾醒面20min。
4. **成形：** 将面坯搓成长条，下剂12g/个，逐个擀制成直径10cm的圆皮；将圆皮在反面粘上干面粉，中间上馅10g/个，均分为五等份，合拢，把各边捏薄，推出单边花纹，在每边的根部沾水，把白菜叶子卷起，整形，即成白菜饺生坯。
5. **成熟：** 将生坯逐个摆入蒸笼内，旺火足汽蒸10min，取出装盘即可。

三、成品特点

皮呈白色，口感柔润，形似白菜，白菜纹路清晰均匀，鲜嫩适口。

四、制作关键

1. 馅心加汤量较其他鲜肉馅少，否则影响外观。
2. 水温控制在65℃左右。注意面坯用水量。
3. 制皮要圆，厚薄一致，掌握坯皮直径大小。

五、评价标准

总得分

项次	项目及技术要求	单次配分	得分
1	器皿清洁干净，个人卫生达标	10	
2	皮呈白色，口感柔润	20	
3	形似白菜，白菜纹路清晰均匀	30	
4	鲜嫩适口	30	
5	卫生打扫干净，工具摆放整齐	10	

六、知识拓展

象形白菜饺是一道以精细制作工艺和逼真造型为特点的传统美食。它巧妙地模仿了白菜的形态，让人一眼望去，仿佛真的看到了一棵棵鲜嫩的白菜，寓意着丰收和吉祥。因此，这道美食也常常被用来庆祝丰收、团聚等喜庆场合。

实训6 金鱼饺

一、原料配备

坯料： 面粉500g，温水250g。

馅料： 五花肉500g，水发香菇250g，姜15g，盐10g，老抽5g，生抽5g，味精2g，麻油5g，大骨汤200g，色拉油50g。

装饰料： 火腿肠10g。

二、制作过程

1．**备料：** 将水发香菇洗净切末，放入锅中炒干水分、炒香；姜洗净切末；五花肉剁成肉泥；火腿肠切末。

2．**制馅：** 将五花肉泥加入盐、大骨汤搅打上劲，依次加入香菇末、味精、麻油、姜末、生抽、老抽搅拌均匀，放冰箱冷藏1h备用。

3．**调制面坯：** 面粉过筛，在案板上开窝，加入温水和成面团，和好的面团摊开散热后揉匀揉透，再加盖湿毛巾醒面20min。

4．**成形：** 将面坯搓成长条，下剂12g/个，逐个擀制成直径10cm的圆皮；馅心10g/个放于圆皮中间，将圆皮捏成1/4和3/4部分，将1/4的圆皮夹出3个小孔与中间相粘，成为鱼眼睛和嘴，3/4部分的圆皮对面边与边捏拢，自前向后捻捏出双波浪花纹作背鳍和尾鳍，两只眼睛中装入火腿肠末，即成金鱼饺生坯。

5．**成熟：** 将生坯逐个摆入蒸笼内，旺火足汽蒸10min，取出装盘即可。

三、成品特点

皮呈白色，口感柔润，形似金鱼，鲜嫩适口。

四、制作关键

1．馅心加汤量较少，否则影响外观。

2．水温控制在65℃左右。

3. 掌握坯皮大小，坯皮要圆，厚薄一致。

五、评价标准

总得分

项次	项目及技术要求	单次配分	得分
1	器皿清洁干净，个人卫生达标	10	
2	皮呈白色，口感柔润	20	
3	形似金鱼	30	
4	鲜嫩适口	30	
5	卫生打扫干净，工具摆放整齐	10	

六、知识拓展

金鱼饺是一道形象逼真、美味可口的传统小吃，以精细的制作工艺和独特的造型而著称。它的外形酷似金鱼，栩栩如生，寓意着年年有余、富贵吉祥，常常被用来庆祝丰收、团聚等喜庆场合。此外，金鱼饺还是一道富有创意和趣味性的美食，能够让人在品尝美味的同时，感受到中国传统美食文化的博大精深。

实训7 知了饺

一、原料配备

坯料：面粉500g，温水250g。

馅料：五花肉500g，水发香菇250g，姜15g，盐10g，老抽5g，生抽5g，味精2g，麻油5g，大骨汤200g，色拉油50g。

装饰料：火腿肠10g。

二、制作过程

1. **备料：**将水发香菇洗净切末，放入炒锅加色拉油炒干、炒香；姜洗净切末；五花肉剁成肉泥；火腿肠切末。
2. **制馅：**将五花肉泥加入盐、大骨汤搅打上劲，依次加入香菇末、味精、麻油、姜末、生抽、老抽搅拌均匀，放冰箱冷藏1h备用。
3. **调制面坯：**面粉过筛，在案板上开窝，加入温水和成面团，和好的面团摊开散热后揉匀揉透，再加盖湿毛巾醒面20min。
4. **成形：**将面坯搓成长条，下剂12g/个，逐个擀成直径10cm的圆皮。将圆皮在反面粘上干面粉，将两边折起等腰形，翻一面上馅10g/个，将两个长的点连接，再捏出嘴和眼睛，在眼睛里装上火腿肠末，即成知了饺生坯。
5. **成熟：**将生坯逐个摆入蒸笼内，旺火足汽蒸10min，取出装盘即可。

三、成品特点

皮呈白色，口感柔润，形似知了，鲜嫩适口，营养丰富。

四、制作关键

1. 馅心加汤量较少，否则影响外观。
2. 掌握好水温，控制在65℃左右。
3. 掌握坯皮大小，要圆，厚薄一致。

五、评价标准

总得分

项次	项目及技术要求	单次配分	得分
1	器皿清洁干净，个人卫生达标	10	
2	皮呈白色，口感柔润	20	
3	形似知了，栩栩如生	30	
4	鲜嫩适口	30	
5	卫生打扫干净，工具摆放整齐	10	

六、知识拓展

知了饺，形状独特，寓意着夏日的美好和欢乐，也象征着人们对美好生活的向往和追求。此外，知了饺还蕴含着中国传统美食文化的精髓，展示了中国南方地区独特的饮食文化和民俗风情。无论是作为主食还是小吃，知了饺都是一道充满创意和趣味性的美食。

任务三　热水面坯类湘点制作

实训1　柳叶蒸饺

一、原料配备

坯料：面粉500g，热水250g，猪油30g。

馅料：五花肉500g，水发香菇250g，姜15g，盐10g，老抽5g，生抽5g，味精2g，麻油5g，大骨汤250g。

二、制作过程

1．**备料**：将水发香菇洗净切末；姜洗净切末；五花肉剁成肉泥。

2．**制馅**：将五花肉泥加入盐、大骨汤搅打上劲，依次加入香菇末、味精、姜末、麻油、生抽、老抽搅拌均匀，放冰箱冷藏1h备用。

3．**调制面坯**：面粉过筛，在案板上开窝，加入热水和成面团，成团的面坯摊开散热，冷却后加猪油揉匀揉透，再盖上湿毛巾醒面15min。

4．**成形**：将面坯搓成长条，下剂12g/个，逐个擀制成直径10cm的圆皮；左手托皮，右手上馅15g/个，右手食指向内推，两边面坯粘黏，中间形成一个凹陷，再用右手大拇指、食指交替向内推，形成褶纹，如此反复即成柳叶蒸饺生坯。

5．**成熟**：将生坯逐个摆入蒸笼内，旺火足汽蒸10min，取出装盘即可。

三、成品特点

形似柳叶，褶纹清晰，外皮软糯发亮，馅心鲜嫩，形状完整，不漏馅不破皮。

四、制作关键

1．馅心要搅打上劲，否则易出水，影响成形。

2．掌握好水温，控制在85℃左右。

3．掌握坯皮直径大小，要圆，厚薄一致。

五、评价标准

总得分

项次	项目及技术要求	单次配分	得分
1	器皿清洁干净，个人卫生达标	10	
2	外皮软糯发亮	20	
3	馅心鲜嫩	30	
4	形似柳叶，褶纹清晰，不漏馅不破皮	30	
5	卫生打扫干净，工具摆放整齐	10	

六、知识拓展

柳叶蒸饺如同一片翠绿的柳叶，轻轻摇曳在蒸笼中，散发出诱人的香气，蕴含着丰富的文化内涵。在中国的传统文化中，柳树象征着生命力和希望。柳叶蒸饺以柳叶为形，寓意着生命的蓬勃发展和美好的未来。

实训2 牛角形蒸饺

一、原料配备

坯料： 面粉500g，热水250g，猪油30g。

馅料： 五花肉500g，水发香菇250g，姜15g，盐10g，老抽5g，生抽5g，味精2g，麻油5g，大骨汤250g。

二、制作过程

1. **备料：** 将水发香菇洗净切末；姜洗净切末；五花肉剁成肉泥。
2. **制馅：** 将五花肉泥加入盐、大骨汤搅打上劲，依次加入香菇末、姜末、盐、老抽、生抽、味精、麻油搅拌均匀，放冰箱冷藏1h备用。
3. **调制面坯：** 面粉过筛，在案板上开窝，加入热水和成面团，成团的面坯摊开散热，冷却后加猪油揉匀揉透，再盖上湿毛巾醒面15min。
4. **成形：** 将面坯搓成长条，下剂12g/个，逐个擀制成直径10cm的圆皮；左手托皮，右手上馅15g/个，推开在面皮内侧的2/3部位，左手拇指弯曲配合四指夹住面皮呈半月形，用力要轻，右手拇指、食指协调配合重复折褶，包馅，左手托坯，右手拇指、食指配合将坯整形，并捏紧，即成牛角形蒸饺生坯。
5. **成熟：** 将生坯逐个摆入蒸笼内，旺火足汽蒸10min，取出装盘即可。

三、成品特点

大小均匀，形似牛角，褶纹清晰，坯皮软糯，馅嫩味美，造型完整，不漏馅不破皮。

四、制作关键

1. 馅心要搅打上劲，否则易出水，影响成形。
2. 掌握好水温，控制在85℃左右。
3. 掌握坯皮直径大小，要圆，厚薄一致。
4. 注意成形手法，不少于18个褶纹。

五、评价标准

总得分

项次	项目及技术要求	单次配分	得分
1	器皿清洁干净，个人卫生达标	10	
2	形似牛角，褶纹清晰，造型完整，不漏馅不破皮	20	
3	坯皮软糯	30	
4	馅嫩味美	30	
5	卫生打扫干净，工具摆放整齐	10	

六、知识拓展

牛角形蒸饺，酷似牛角，既显得威武有力，又带着一种古朴的韵味。在中国的传统文化中，牛被视为勤劳和力量的象征。而牛角形蒸饺以牛角为形，寓意着勤劳致富、力量无穷。它不仅是一道美食，更是一种精神的寄托和文化的传承。

实训3 锅贴

一、原料配备

坯料：面粉500g，热水250g，猪油30g。

馅料：五花肉500g，水发香菇250g，姜15g，盐10g，老抽5g，生抽5g，味精2g，麻油5g，大骨汤250g。

辅料：菜籽油50g。

二、制作过程

1. **备料**：将水发香菇洗净切末；姜洗净切末；五花肉剁成肉泥。
2. **制馅**：将五花肉泥加入盐、大骨汤搅打上劲后加入香菇末、味精、麻油、姜末、生抽、老抽搅拌均匀，放冰箱冷藏1h备用。
3. **调制面坯**：面粉过筛，在案板上开窝，加入热水和成面团，成团的面坯摊开散热，冷却后加猪油揉匀揉透，再盖上湿毛巾醒面15min。
4. **成形**：将面坯搓成长条，下剂12g/个，逐个擀制成直径10cm的圆皮；左手托皮，右手上馅15g/个，推开在面皮内侧的2/3部位，左手拇指弯曲配合四指夹住面皮呈半月形，用力要轻，右手拇指、食指协调配合重复折褶，包馅，左手托坯，右手拇指、食指配合将坯整形，并捏紧，即成锅贴生坯。
5. **成熟**：将平底锅置旺火上，倒入菜籽油烧热，将生坯在锅中排放成花形，倒入面糊水（冷水80g、面粉30g、菜籽油5g、盐1g）盖上锅盖，中火焖至水将干时，加入少量油于锅中，并不停地转动，使锅贴离锅滑动，待锅贴底部呈金黄色，出锅反扣装盘即可。

三、成品特点

底部焦黄，表皮柔韧，形状完整不破碎，入口脆嫩，口味鲜美。

四、制作关键

1. 馅心要搅打上劲，否则易出水，影响成形。

2. 掌握好水温，控制在85℃左右。
3. 掌握好坯皮直径大小，做到边沿圆润，厚薄一致。
4. 注意成形手法，不少于18个褶纹。
5. 控制好煎制温度。

五、评价标准

总得分

项次	项目及技术要求	单次配分	得分
1	器皿清洁干净，个人卫生达标	10	
2	底部焦黄，表皮柔韧	20	
3	形状完整不破碎	30	
4	入口脆嫩，口味鲜美	30	
5	卫生打扫干净，工具摆放整齐	10	

六、知识拓展

面糊水倒入平底锅，成熟后锅贴底部会有一层带网状的薄脆，增加锅贴的脆感，丰富锅贴的口感。

实训4 酱香饼

一、原料配备

坯料： 面粉500g，热水250g，花椒油20g，盐5g，猪油50g。

馅料： 五花肉200g，葱50g，甜面酱100g，豆瓣酱100g。

辅料： 菜籽油50g。

二、制作过程

1. **备料：** 将葱去根须洗净切葱花；五花肉剁成肉泥。锅内放菜籽油，加入甜面酱、豆瓣酱炒香，放入五花肉泥炒制入味备用。
2. **调制面坯：** 面粉过筛，在案板上开窝，加入盐、热水和成面团，成团的面坯摊开散热，冷却后加猪油揉匀揉透，再盖上湿毛巾醒面15min。
3. **成形：** 将面坯搓成长条，下剂100g/个，擀成直径为15cm厚薄均匀的圆形面坯，刷花椒油，在中心处切半径，折叠卷筒，按扁，擀薄即成生坯。
4. **成熟：** 将平底锅置于火上，生坯放入平底锅中，干烙，成熟后刷上肉末，撒上葱花，切制装盘即可。

三、成品特点

皮薄饼圆，厚薄一致，酱香浓郁，香酥松脆。

四、制作关键

1. 面坯软硬度要适宜。
2. 坯皮厚薄均匀，擀皮时用力要轻。
3. 油、盐用量适当。
4. 饼坯直径控制在15cm为宜。
5. 烙制时平底锅内要少油或无油，火为中小火。

五、评价标准

总得分

项次	项目及技术要求	单次配分	得分
1	器皿清洁干净，个人卫生达标	10	
2	皮薄饼圆，厚薄一致	20	
3	酱香浓郁	30	
4	香酥松脆	30	
5	卫生打扫干净，工具摆放整齐	10	

六、知识拓展

酱香饼以香、甜、辣、脆为主要特点，酱香味浓，甜中带绵，辣而不燥，外脆里软，现已普及全国各城市。

实训5 葱油饼

一、原料配备

坯料：面粉500g，热水250g，猪油50g。

馅料：葱100g，盐10g，菜籽油100g，花椒粉10g。

辅料：色拉油50g。

二、制作过程

1. **备料：**将葱去根须洗净切葱花备用。
2. **调制面坯：**面粉过筛，在案板上开窝，加入热水和成面团，成团的面坯摊开散热，冷却后加猪油揉匀揉透，再盖上湿毛巾醒面15min。
3. **成形：**将面坯搓成长条，在面板上撒上干面粉，擀成大片，稍薄些，在面片上抹上菜籽油，撒上少许盐和花椒粉，并均匀撒上葱花。从面片的一边卷起，卷成长条卷，将长条卷的两头捏紧，自一头开始卷，卷成圆盘状。然后将圆饼擀至较薄，动作要轻，避免葱花扎破面皮。
4. **成熟：**平底锅置于旺火上，放入少量色拉油，烧热，将饼放入，转中火，边烙边用铲子旋转，烙成两面金黄装盘即可。

三、成品特点

色泽金黄，入口酥脆，油而不腻，皮薄饼圆，葱香软韧。

四、制作关键

1. 卷成单筒状后盘成圆形，要先醒发，再擀薄。
2. “三翻四烙”，单面烙制时间不宜太长，否则会把面皮表面烙得很硬，成品不酥松。烙饼时每翻一次就要刷一次油，烙制时尽量少放油。

五、评价标准

总得分

项次	项目及技术要求	单次配分	得分
1	器皿清洁干净，个人卫生达标	10	
2	色泽金黄	20	
3	入口酥脆，油而不腻，葱香软韧	30	
4	皮薄饼圆	30	
5	卫生打扫干净，工具摆放整齐	10	

六、知识拓展

葱油饼以其独特的香气和口感赢得了无数食客的喜爱，不仅可以作为早餐、午餐或晚餐的主食，还可以作为下午茶或夜宵的小吃。在中国的传统文化中，葱被视为驱邪避邪的象征。因而很多家庭都会制作葱油饼来祈求平安吉祥。

实训6 薄饼

一、原料配备

坯料：面粉500g，热水250g，猪油50g。

馅料：五花肉500g，韭黄250g，豆芽250g，盐5g，菜籽油50g。

辅料：色拉油50g。

二、制作过程

1. **备料**：将五花肉切成长约3cm，宽度和高度约为0.2cm的细丝；韭黄洗净切段；豆芽掐头去尾洗净备用。
2. **制馅**：锅中放入菜籽油，放入肉丝、韭黄、豆芽，加盐调味后出锅备用。
3. **调制面坯**：面粉过筛，在案板上开窝，加入热水和成面团，成团的面坯摊开散热，冷却后加猪油揉匀揉透，再盖上湿毛巾醒面15min。
4. **成形**：将面坯搓成长条，下剂15g/个，两张面坯合在一起擀制（中间刷色拉油，撒盐），擀制成15cm直径的生坯。
5. **成熟**：将平底锅置旺火上，倒入色拉油烧热，放入生坯烙至表皮呈虎皮斑纹，出锅，再把两个坯皮分开，放入馅，卷制成筒状装盘即可。

三、成品特点

皮薄形圆，厚薄一致，柔软绵韧。

四、制作关键

1. 热水面坯要凉凉，不要多揉。
2. 擀制面坯厚薄一致，饼坯要圆。
3. 注意烙制方法，火不能大。
4. 馅心调味要准确。

五、评价标准

总得分

项次	项目及技术要求	单次配分	得分
1	器皿清洁干净，个人卫生达标	10	
2	皮薄形圆，厚薄一致	20	
3	斑纹清晰	30	
4	柔软绵韧	30	
5	卫生打扫干净，工具摆放整齐	10	

六、知识拓展

薄饼在过去是清明节的节日食品，每逢清明节的早上上山祭祖，祭完祖回家之后，人们都会用薄饼作为午餐。现如今，随着物质生活多样化，人们受香港祭祖风俗影响，也会备有“烧金猪”“烧鸭”“烧鹅”“蛋糕”之类的祭品。

模块三

膨松面坯类湘点制作

模块导读

通过本模块的学习，了解膨松面坯的概念及种类，熟悉生物膨松面坯、化学膨松面坯、物理膨松面坯的调制方法和制作要领，掌握其中具有代表性的湘式膨松面坯制品的制作方法，如面坯的调制、制馅、生坯成形、成熟等操作技能，具备运用所学知识解决实际问题的能力。

学习目标

1. 了解膨松面坯的概念及分类，掌握生物膨松面坯、化学膨松面坯、物理膨松面坯的含义及特点。
2. 理解膨松面坯的膨松原理，熟悉影响面坯膨松的因素。
3. 掌握生物膨松面坯、化学膨松面坯、物理膨松面坯的调制方法和操作要领，特别是典型的湘式膨松面坯制品的制作。
4. 掌握湘点中具有代表性的膨松面坯制品的馅心制作、熟制方法及成形技法，而且能触类旁通。
5. 学会举一反三，将所学理论知识应用到实践中，做到理论和实践的有机结合，达到活学活用，能灵活运用不同的膨松方法来制作不同的湘点制品。
6. 养成良好的习惯，遵守操作规程，时刻注意操作安全及卫生。
7. 养成对湖湘饮食文化的热爱，唤起文化觉醒，培养传承和弘扬湘点传统文化的自觉性。
8. 具备爱岗敬业的职业精神、吃苦耐劳的劳动精神和精益求精的工匠精神。

项目一

膨松面坯概述

任务一　膨松面坯概念及分类

一、膨松面坯概念

膨松面坯是在面坯调制过程中加入适当的辅助原料（如酵母、鸡蛋、化学膨松剂等），或采用适当的调制方法，使面坯发生生物、化学和物理反应，从而产生大量气体，成熟时通过加热气体使制品膨松而呈现出海绵状或蜂窝状组织结构。

二、膨松面坯分类

膨松面坯根据膨松方法的不同，可分为生物膨松面坯、化学膨松面坯和物理膨松面坯三种。

（一）生物膨松面坯

生物膨松面坯又称为发酵面坯，是在调制面坯的过程中，加入适量的鲜酵母或酵种，利用酵母菌繁殖发酵的生化反应，使面坯中充满气体，形成膨胀、松软的面坯，行业中常称其为发面。

以生物膨松面坯制成的湘点具有体积膨大、质地细密、形态饱满、口感松软、营养丰富等特点，该面坯适宜制作馒头、花卷、包子等。生物膨松面坯根据调制方法不同可分为两种：一种是利用酵母发酵调制的膨松面坯；另一种是采用传统工艺，利用酵种发酵调制的膨松面坯。前者方便快捷，效率较高，后者发酵程度难以控制，发酵时间也较长，而且需要兑食用碱，较难掌握。

（二）化学膨松面坯

化学膨松面坯是在面粉中掺入适量的化学膨松剂，利用化学膨松剂的产气性使其膨松的面坯。在实际操作中，面坯中往往还要添加一些辅料，如油、糖、蛋、乳等，使成品更有特色。化学膨松面坯制品的特点是体积膨松、疏松多孔，呈蜂窝状组织结构的，口感酥脆浓香；呈海绵状组织结构的，口感暄软清香。代表制品主要有桃酥、油条、麻花、开口笑和马拉糕等。

（三）物理膨松面坯

物理膨松面坯是指面坯中使用具有胶体性质的蛋清作介质，利用高速调搅的物理运动使蛋液裹进空气，并通过空气受热膨胀的性质使其膨松的面坯。由于此方法必须用打蛋起泡来调制，行业上称为蛋泡面坯或蛋糊面坯，以物理膨松法制作的成品具有体积疏松膨大、质地暄松柔软、蛋香浓郁、口味鲜美、营养丰富等特点，一般适用于制作蛋糕类的制品。

任务二　膨松面坯调制方法和要点

一、生物膨松面坯调制方法和要点

（一）生物膨松面坯调制方法

将面粉倒在案板上，中间开窝，放入干酵母和白糖，加入温水和成团，揉搓成均匀光滑的面坯。

（二）生物膨松面坯调制要点

1. 掌握好用料比例

一般加入面粉量1%的干酵母，5%～10%的白砂糖，45%～55%的温水（依据制品要求、室温而定）。

2. 要将面坯揉匀揉透

只有将面坯揉匀揉透，才能使制品表面光滑，色泽洁白。

3. 掌握好醒面时间

不同季节醒面时间不一样，夏季短、冬季长。

二、化学膨松面坯调制方法和要点

（一）化学膨松面坯的调制方法

将相应比例的面粉与发粉类膨松剂一起过筛，置于案板上开窝，将其他辅料（油、糖、蛋、乳、水）按送料要求放入窝内，将辅料混合擦拌均匀至白糖溶解，再拨入面粉，用复叠法和成面坯至质地均匀即可。

（二）化学膨松面坯的调制要点

（1）将主、辅料拌和均匀后复叠成团，揉搓会使面坯上劲、澥油，从而影响操作。

（2）膨松剂的用量要适宜，面坯软硬度要恰当。

三、物理膨松面坯调制方法和要点

（一）物理膨松面坯调制方法

根据蛋液的使用情况，调制方法可分为全蛋搅打法和蛋清、蛋黄分开搅打法。

1. 全蛋搅打法

将蛋液、白糖一起放入打蛋器内，高速搅拌，当蛋糊成为颜色雪白、干厚浓稠的泡沫状，体积增大2.5～3倍时即可停止。蛋糊打好后，加入其他辅料，筛入面粉（如有膨松剂可与面粉混合），轻轻地搅拌均匀即可。

2. 蛋清、蛋黄分开搅打法

将蛋清、蛋黄分离，置于两个容器中，先将蛋清搅打起泡沫后，再加入总糖量的1/2，继续搅打均匀，直至将蛋清挑起来能够立住即可。在蛋黄的容器中加入剩余的糖进行快速搅打，使其成为乳黄色蛋糊，最后将面粉过筛加入蛋清糊中，倒入蛋黄糊搅拌均匀即可。

（二）物理膨松面坯调制要点

（1）选用新鲜鸡蛋，新鲜鸡蛋的浓稠度强，起泡性好。

（2）调制面坯的面粉应选用低筋面粉。

（3）搅打蛋液时保持工具和容器的干净，不能沾有水和油。

（4）搅打蛋液时要顺一个方向，先慢后快，不停地用力高速抽打。

（5）严格控制好搅打温度和时间。

项目二
膨松面坯类湘点制品实训

任务一　生物膨松面坯类湘点制作

实训1　刀切馒头

一、原料配备

坯料：面粉500g，白糖50g，酵母5g，泡打粉5g，奶粉10g，温水235g。

二、制作过程

1. **调制面坯：**面粉与泡打粉混合过筛，放在案板上开窝，加入酵母、白糖、奶粉、温水，揉匀揉透，醒面5min。
2. **成形：**将面坯搓成粗细均匀、表面光滑的长条，封口朝下，用刀切成长宽比为4∶3的生坯。
3. **醒发：**将生坯逐个置于醒板上摆放整齐，放入35℃醒发箱中醒发30min。
4. **成熟：**将醒发好的生坯逐个摆入蒸笼内，旺火足汽蒸10min，取出装盘即可。

三、成品特点

形似枕形，色白暄软，富有弹性，外表光滑。

四、制作关键

1. 和面时加水量要准确，夏天可用冷水，冬天宜用温水。
2. 掌握好醒发程度，生坯一定要醒发充分。
3. 蒸制过程不能中途揭盖，否则会影响成品质量。

五、评价标准

总得分

项次	项目及技术要求	单次配分	得分
1	器皿清洁干净，个人卫生达标	10	
2	面坯调制准确，造型美观	20	
3	色泽洁白，大小一致，醒发充分	30	
4	口感暄软，无夹生，无异味	30	
5	卫生打扫干净，工具摆放整齐	10	

六、知识拓展

馒头又称为馍、蒸馍，是中国特色传统面食之一，也是湘点中以醒发面坯制成的常见品种，既可作为大众化湘点、主食，也可作为宴席小吃。

实训2 红糖开花馒头

一、原料配备

坯料：面粉500g，红糖100g，酵母5g，白糖5g，泡打粉5g，温水250g。

二、制作过程

1. **调制面坯：**面粉与泡打粉混合过筛，放在案板上开窝，加入酵母、红糖、白糖、温水，揉匀揉透，醒面5min。
2. **成形：**将面坯搓成长条，下剂60g/个，断面朝上，将坯剂压薄，用拢上法收圆收紧即成生坯。
3. **醒发：**将生坯逐个置于醒板上摆放整齐，放入35℃醒发箱中醒发30min。
4. **成熟：**将醒发好的生坯逐个摆入蒸笼内，旺火足汽蒸10min，取出装盘即可。

三、成品特点

色泽棕红，开花自然，口感暄软，香甜可口。

四、制作关键

1. 调制面坯要稍软，若面坯太硬，成熟时不易开花。
2. 成形时采用拢上法收圆收紧。
3. 掌握好醒发程度，生坯一定要醒发充分。
4. 蒸制过程不能中途揭盖，否则会影响成品质量。

五、评价标准

总得分

项次	项目及技术要求	单次配分	得分
1	器皿清洁干净，个人卫生达标	10	
2	面坯调制准确	20	
3	大小一致，开花自然，醒发充分	30	
4	口感暄软，无夹生，无异味	30	
5	卫生打扫干净，工具摆放整齐	10	

六、知识拓展

中国人喜食红糖可追溯到南北朝，陶弘景的《名医别录》已有记载：红糖能润肺气、助五脏、生津、解毒、助脾气、缓肝气。红糖开花馒头营养价值较高，与普通馒头相比，色泽鲜艳，食之软糯，美味可口。

实训3 家常大饼

一、原料配备

坯料： 面粉500g，白糖50g，酵母5g，泡打粉5g，温水240g。

辅料： 色拉油50g，盐6g，葱30g，白芝麻50g。

二、制作过程

1. **备料：** 将葱去根须洗净，切成葱花备用。
2. **调制面坯：** 面粉与泡打粉混合过筛，放在案板上开窝，加入酵母、白糖、温水，揉匀揉透，醒面5min。
3. **成形：** 将面坯搓成长条，下剂4个，擀成厚约0.2cm的圆形饼皮，在表面均匀抹上一层色拉油，撒上盐和葱花，从饼皮的圆心处切半径，从切口一端卷起来，卷成圆锥状后立起按压成圆饼状，继续擀成直径15cm大的圆饼，表面粘上白芝麻即成生坯。
4. **醒发：** 将生坯置于醒板上摆放整齐，放入35℃醒发箱中醒发20min。
5. **成熟：** 电饼铛刷色拉油，放入生坯煎至两面金黄、内外熟透，取出装盘即可。

三、成品特点

色泽金黄，外脆内软，咸香适口。

四、制作关键

1. 掌握好面坯的加水量，面坯软硬要适宜。
2. 擀制面皮时，用力要轻，厚薄要均匀，控制好饼坯的大小。
3. 注意电饼铛温度，烙、煎时间不宜过长，否则成品吃口干硬。
4. 饼坯是否成熟可通过用锅铲按压饼坯边缘是否有弹性来判定。

五、评价标准

总得分

项次	项目及技术要求	单次配分	得分
1	器皿清洁干净，个人卫生达标	10	
2	面坯软硬适宜，调味准确	20	
3	大小一致，厚薄均匀，色泽金黄	30	
4	口感外香脆内柔软，无夹生	30	
5	卫生打扫干净，工具摆放整齐	10	

六、知识拓展

家常大饼制法简单、品种很多，我国南北均有制作，各地风格、口味差异较大，可以因人、因时、因地而发挥、创造，现今已成为湘点中的一大类型。

实训4 葱盐花卷

一、原料配备

坯料： 面粉500g，白糖20g，酵母5g，泡打粉5g，温水240g。

辅料： 盐5g，葱30g，色拉油20g。

二、制作过程

1. **备料：** 将葱去根须洗净，切成葱花备用。
2. **调制面坯：** 面粉与泡打粉混合过筛，放在案板上开窝，加入酵母、白糖、温水，揉匀揉透，醒面5min。
3. **成形：** 将面坯整理成长方块，擀成厚度0.5cm的长方形，表面均匀抹上一层色拉油，撒上盐和葱花，将面皮从上至下折卷起来，宽度7cm左右，再切成宽约3cm的小段，然后两两折叠起来，用筷子从中间压一下使两侧翘起，将生坯拉长并将两头捏紧卷至底部即成生坯。
4. **醒发：** 将生坯置于醒板上摆放整齐，放入35℃醒发箱中醒发30min。
5. **成熟：** 将醒发好的生坯逐个摆入蒸笼内，旺火足汽蒸10min，取出装盘即可。

三、成品特点

大小一致，造型美观，膨松暄软，葱香扑鼻。

四、制作关键

1. 面坯软硬要适宜，太硬或太软都不利于成形。
2. 擀制面皮时，保持形状要规整，厚薄要均匀。
3. 成形手法要正确，卷制形状要美观。

五、评价标准

总得分

项次	项目及技术要求	单次配分	得分
1	器皿清洁干净，个人卫生达标	10	
2	面坯软硬适宜，调味准确	20	
3	造型美观，大小均匀，醒发充分	30	
4	口感松软，无夹生，无异味	30	
5	卫生打扫干净，工具摆放整齐	10	

六、知识拓展

花卷和包子、馒头类似，是经典且家常的主食，口味丰富，造型多样，其中以葱油口味最为常见。葱盐花卷营养丰富，味道鲜美，做法简单。

实训5 马蹄卷

一、原料配备

坯料：面粉500g，白糖50g，酵母5g，泡打粉5g，温水225g。

辅料：白糖150g，玫瑰糖30g，猪油50g。

二、制作过程

1. **备料：**将白糖、玫瑰糖与猪油混合拌匀，擦至起蓉备用。
2. **调制面坯：**面粉与泡打粉混合过筛，放在案板上开窝，加入酵母、白糖、温水，揉匀揉透，醒面5min。
3. **成形：**将面坯整理成长方块，用走槌推擀成厚薄均匀的长方形，表面均匀地抹上一层玫瑰白糖馅；将面皮由两端向中间卷紧，卷至1/2处，在中缝内抹一层水，双手夹住双筒两边将两筒紧粘在一起成一整筒，封口朝下，切割成大小一致的马蹄卷生坯。
4. **醒发：**将生坯置于醒板上摆放整齐，放入35℃醒发箱中醒发30min。
5. **成熟：**将醒发好的生坯逐个摆入蒸笼内，旺火足汽蒸10min，取出装盘即可。

三、成品特点

形似马蹄，膨松饱满，松软香甜。

四、制作关键

1. 面坯软硬要适宜，醒发要恰到好处。
2. 卷筒要紧，成形要均匀整齐，保持一致。
3. 蒸制过程不能中途揭盖，否则影响成品质量。

五、评价标准

总得分

项次	项目及技术要求	单次配分	得分
1	器皿清洁干净，个人卫生达标	10	
2	面坯调制准确	20	
3	造型美观，大小均匀，醒发充分	30	
4	口感松软，无夹生，无异味	30	
5	卫生打扫干净，工具摆放整齐	10	

六、知识拓展

马蹄卷属于湖南传统名点之一，也是花卷众多造型中的一种，因形似马蹄而得名。马蹄卷选用双卷法成形，一般和搓、切、捏等其他成形方法配合完成，其造型美观，口感松软香甜。

实训6 银丝卷

一、原料配备

坯料：面粉500g，酵母5g，泡打粉5g，白糖50g，温水240g。

馅料：肥膘肉250g，白糖200g，盐6g，白酒10g。

二、制作过程

1. **制馅：**将肥膘肉洗净，切成条，放入绞肉机内搅打成蓉，倒入盆中加白糖、盐、白酒擦透并腌制2d成伏油馅。
2. **调制面坯：**面粉与泡打粉混合过筛，放在案板上开窝，加入酵母、白糖、温水，揉匀揉透，醒面5min。
3. **成形：**将面坯搓成长条，用走槌推擀成0.5cm厚的长方形，取伏油馅（冬天温度低要先将其软化后再使用）用刀抹满面皮。将面皮从外向内折叠成四层，轻轻带长压薄成宽约8cm、厚0.5cm的长面带，用刀切成面丝，每5～6条面丝成一份放在案板上醒面。双手提起面丝，轻轻带长，按齐按平，从右向左卷滚成筒，末端塞入底部，卷口朝上摆正，轻轻按压成盘丝状即成生坯。
4. **醒发：**将逐个卷好的生坯置于醒板上摆放整齐，放入35℃醒发箱中醒发25min。
5. **成熟：**将醒发好的生坯逐个摆入蒸笼内，旺火足汽蒸10min，取出装盘即可。

三、成品特点

色泽洁白，形如发髻，银丝松散，松软香甜。

四、制作关键

1. 要选用猪背部的肥膘，肥膘肉色泽洁白，制成细腻的蓉状，馅心不能现制现用。
2. 馅心在使用前要搅匀，冬天可适当加热，馅心要抹匀。
3. 拉扯丝条时用力要得当，否则丝条容易断裂或粗细不匀。
4. 根据季节、气温灵活掌握醒发时间，不能醒发过头。

五、评价标准

总得分

项次	项目及技术要求	单次配分	得分
1	器皿清洁干净，个人卫生达标	10	
2	面坯调制准确，切丝均匀	20	
3	造型美观，大小一致，醒发得当	30	
4	口感松软，无夹生，无异味	30	
5	卫生打扫干净，工具摆放整齐	10	

六、知识拓展

银丝卷分为两种，一种是以天津为代表的北派名点；另一种则是以湖南为代表的南派名点。天津银丝卷称为银丝馒头更为准确，因为其外形是馒头状，里面才是银丝，因此被说成“馒头里面夹着面条”；而湖南银丝卷是由数十根细丝缠绕卷制而成，里外都是丝状，犹如古时老妇的发髻，更表现南方点心的精巧。湖南银丝卷是湘点的特色传统品种，将其摆放在盘中，食用时用筷子夹住丝头，悬在半空，轻轻一抖，银丝卷随即向下翻滚，变成一缕缕细致匀称的细线，细如花茎，根根分明，名副其实。

实训7 脑髓卷

一、原料配备

坯料：面粉500g，酵母5g，泡打粉2g，白糖20g，温水240g，冷水适量。

馅料：肥膘肉250g，白糖200g，盐6g，白酒10g。

二、制作过程

1. **制馅：**将肥膘肉洗净，切成条，放入绞肉机内搅打成蓉，倒入盆中加白糖、盐、白酒擦透并腌制2d成伏油馅。
2. **调制面坯：**取300g面粉放在案板上开窝，加入冷水，调制成稍软带筋力的子面，醒面15min。另取200g面粉与泡打粉、白糖、酵母、温水调制成发面，将子面与发面揉和均匀，醒面15min，再揉擦一遍，如此经三揉三醒使面坯成为具有良好韧性和延伸筋力的微发酵面坯，也可在压面机上压十几遍。
3. **成形：**将面坯搓成条，按扁，用走槌推擀成长方形，在面皮上扑一层干面粉，用长擀面杖从右至左将面皮卷起，边看边将面皮拉薄，如此反复将面皮卷退三次，即成一块薄的长面皮，将已准备好的伏油馅预先软化，撒在薄面皮上，用刀将馅心抹匀，将面皮由外向内卷成细长筒，稍按扁，用刀切成长方形块状，将每块长方块前后轻轻带长，由前向后卷成一个多层的小卷筒块，全部卷好后，用刀背在每个卷筒上按条直印痕，成瓦块形，每个生坯底部放一张垫底白纸。
4. **醒发：**将逐个卷好的生坯置于醒板上摆放整齐，放入35℃醒发箱中醒发15min。
5. **成熟：**将醒发好的生坯逐个摆入蒸笼内，旺火足汽蒸8min，取出装盘即可。

三、成品特点

晶莹油亮，皮薄层多，嫩滑如髓，甘香滑润。

四、制作关键

1. 要选用猪背部的肥膘，肥膘肉色泽洁白，制成细腻的蓉状，馅心不能现制现用。

2. 馅心在使用前要搅匀，冬天可适当加热，馅心要抹匀。
3. 生坯醒发要恰到好处，掌握好蒸制时间。

五、评价标准

总得分

项次	项目及技术要求	单次配分	得分
1	器皿清洁干净，个人卫生达标	10	
2	面坯调制准确，馅心调味得当	20	
3	大小均匀，形状规整	30	
4	口感松软，无异味	30	
5	卫生打扫干净，工具摆放整齐	10	

六、知识拓展

脑髓卷起源于湘潭市，因其味道醇甜，质地细软，口感极好而受到消费者欢迎，后来湖南各地竞相效仿，广为流传。其名虽为脑髓卷，却并不是由某种动物脑髓做成的，而是用半发酵面皮裹猪肥膘肉蓉和白糖制成的馅心，然后卷筒切块而成，其原料的形状如脑髓一样，所以取名为脑髓卷。作为湘潭市著名的风味小吃，脑髓卷的历史悠久，据《湘潭县志》记载，早在清乾隆年间就誉满三湘，晚清名士王壬秋特别爱吃这种面食点心，曾写下一首吃脑髓卷的顺口溜："润如油，落口消，甜不腻，佐以椒，赏其美，乐无涯。"还写下了"谢弦扬笛祥华卷"的诗句，"祥华卷"则是脑髓卷的别名。清朝末年，湘潭有个姓石的人开设一家饮食店，牌号"祥华斋"，脑髓卷是他家祖传点心，光绪年间的《湘潭县志・货殖篇》将清末石氏"祥华斋"制作的脑髓卷列为名产。

实训8 蝴蝶卷

一、原料配备

坯料：面粉500g，白糖50g，酵母5g，泡打粉5g，温水235g。

馅料：豆沙馅100g。

二、制作过程

1. **调制面坯：**面粉与泡打粉混合过筛，放在案板上开窝，加入酵母、白糖、温水，揉匀揉透，醒面5min。
2. **成形：**将面坯整理成长方块，擀成0.5cm厚的长方形，表面均匀地抹上一层豆沙馅，从一边卷向另一边成圆筒状，顶端留一小段，再用刀切成1～2cm厚的片，取两片背靠在一起，用一双筷子在下端1/3处夹紧，用卷头散出的两头作为蝴蝶的触须，用手捏出蝴蝶的翅尖即成生坯。
3. **醒发：**将蝴蝶卷生坯置于醒板上摆放整齐，放入35℃醒发箱中醒发20min。
4. **成熟：**将醒发好的生坯逐个摆入蒸笼内，旺火足汽蒸10min，取出装盘即可。

三、成品特点

形似蝴蝶，色泽分明，质地细腻，口感松软。

四、制作关键

1. 面坯软硬要适宜，太软会影响造型。
2. 豆沙馅要抹匀，卷时要卷紧，成形要一致。
3. 生坯醒发要恰到好处，掌握好蒸制时间。

五、评价标准

总得分

项次	项目及技术要求	单次配分	得分
1	器皿清洁干净，个人卫生达标	10	
2	面坯调制准确	20	
3	造型美观，大小均匀	30	
4	口感松软，无夹生，无异味	30	
5	卫生打扫干净，工具摆放整齐	10	

六、知识拓展

蝴蝶卷因形似蝴蝶而得名，属于象形动物面点的一种，可根据配料的不同调制出不同颜色、不同口味的蝴蝶卷。

实训9 香肠卷

一、原料配备

坯料： 面粉500g，白糖50g，酵母5g，泡打粉5g，温水240g。

辅料： 老长沙大香肠12根。

二、制作过程

1．**备料：** 将香肠切成5cm的小段备用。

2．**调制面坯：** 面粉与泡打粉混合过筛，放在案板上开窝，加入酵母、白糖、温水，揉匀揉透，醒面5min。

3．**成形：** 将面坯搓成长条，下剂35g/个，搓成长约20cm的细条，在香肠表面均匀缠绕5圈即成生坯。

4．**醒发：** 将生坯置于醒板上摆放整齐，放入35℃醒发箱中醒发25min。

5．**成熟：** 将醒发好的生坯逐个摆入蒸笼内，旺火足汽蒸10min，取出装盘即可。

三、成品特点

皮白松软，膨松饱满，麻辣鲜香。

四、制作关键

1．面坯软硬要适宜，太软会影响造型。

2．成形时，剂条粗细要均匀，卷的轮廓要清晰，保持形态美观。

3．生坯醒发要恰到好处，掌握好蒸制时间。

五、评价标准

总得分

项次	项目及技术要求	单次配分	得分
1	器皿清洁干净，个人卫生达标	10	
2	面坯调制准确	20	
3	造型美观，大小均匀	30	
4	口感松软，无异味	30	
5	卫生打扫干净，工具摆放整齐	10	

六、知识拓展

香肠卷是一款以发酵面坯为皮，以老长沙大香肠为馅心，卷制而成的一道特色面食，里面所含的老长沙大香肠是长沙著名的小吃，由湖南香肠改良而来。老长沙大香肠形以大为奇、色泽明亮、香味醇厚、鲜味可口、皮薄肉嫩，是湖南早餐特色原料之一。

实训10 圆顶糖包

一、原料配备

坯料： 面粉500g，白糖50g，酵母5g，泡打粉5g，温水240g。

馅料： 猪油50g，白糖250g，熟面粉20g，白芝麻100g。

二、制作过程

1. **制馅：** 将白芝麻炒香，出锅后用走槌碾碎成蓉状，加入白糖、猪油，拌和均匀，再加入熟面粉擦匀成芝麻糖馅备用。
2. **调制面坯：** 面粉与泡打粉混合过筛，放在案板上开窝，加入酵母、白糖、温水，揉匀揉透，醒面5min。
3. **成形：** 将面坯搓成长条，下剂30g/个，拍成中间稍厚、周边薄的圆形坯皮。左手托皮，右手上馅后，用右手拇指、食指将坯皮的周边向中间逐渐收拢，摘去多余的面剂，把收口朝下摆放好，即成糖包生坯。
4. **醒发：** 将生坯置于醒板上摆放整齐，放入35℃醒发箱中醒发25min。
5. **成熟：** 将醒发好的生坯逐个摆入蒸笼内，旺火足汽蒸10min，取出装盘即可。

三、成品特点

圆润饱满，色白光亮，膨松柔软。

四、制作关键

1. 馅心要擦匀、擦透，调制软硬适当。
2. 面坯软硬度要适宜，不能过软，要反复揉匀、揉透。
3. 成形收口时，要逐渐向中间收拢，坯皮的周边不要高于虎口，否则收口处有许多褶皱，容易造成漏馅的现象。
4. 醒发时间要充足，发足、发透，掌握好蒸制时间。

五、评价标准

总得分

项次	项目及技术要求	单次配分	得分
1	器皿清洁干净，个人卫生达标	10	
2	馅心调制准确	20	
3	表皮光亮，形状饱满，大小均匀	30	
4	口感松软，甜味适中，无异味	30	
5	卫生打扫干净，工具摆放整齐	10	

六、知识拓展

圆顶糖包是一款大众化的湘点品种，一般作为早点应市和茶楼供应，老长沙人坐茶馆喜好将糖包和肉包合在一块食用。圆顶糖包的成形方法虽然简单，但它是许多象形点心的主要包馅方法。

实训11 寿桃包

一、原料配备

坯料：面粉500g，白糖50g，酵母5g，泡打粉5g，温水230g。

馅料：莲蓉馅300g。

辅料：食用红色素2g。

二、制作过程

1. **备料：**将莲蓉馅搓成长条，切成15g/个的小剂，搓成圆球备用。
2. **调制面坯：**面粉与泡打粉混合过筛，放在案板上开窝，加入酵母、白糖、温水，揉匀揉透，醒面5min。
3. **成形：**将面坯搓长条，下剂25g/个，拍成中间稍厚、周边薄的圆形坯皮。左手托皮，右手上莲蓉馅后，用右手的拇指、食指将坯皮的周边向中间逐渐收拢，将收口处捏紧，摘去多余的面剂呈圆球形。把收口朝下，再用双手搓成一头尖长、一头粗的长锥形的生坯，用刮板从粗头到尖头压一道凹槽即成寿桃包生坯。
4. **醒发：**将生坯置于醒板上摆放整齐，放入35℃醒发箱中醒发20min。
5. **成熟：**将醒发好的生坯逐个摆入蒸笼内，旺火足汽蒸10min出笼，将寿桃包尖端喷上淡淡的食用红色素，装盘即可。

三、成品特点

形如寿桃，光洁饱满，松软香甜。

四、制作关键

1. 面坯要稍硬，太软会影响造型。
2. 凹槽压痕要深，但不能压破生坯。
3. 醒发时间不能过长，否则会变形。

五、评价标准

总得分

项次	项目及技术要求	单次配分	得分
1	器皿清洁干净，个人卫生达标	10	
2	面坯调制准确	20	
3	造型美观，形似桃形，大小均匀	30	
4	表皮光滑，口感松软，无异味	30	
5	卫生打扫干净，工具摆放整齐	10	

六、知识拓展

中华民族是礼仪之邦，尊老爱幼一直以来都是中华民族的传统美德。寿桃自古就是深入人心的传统吉祥物，流传着诸如“寿星捧桃”“王母蟠桃宴”“桃木辟邪”“麻姑献寿”等许多传说，是长寿、辟邪、吉祥的象征。因此，在中华传统习俗中，寿桃一直都是老人过寿的必备祝福品，象征着晚辈对老前辈的孝敬，并以此祝福老人健康、长寿、幸福。寿桃包作为一种传统面食，不仅可以作为早餐点心，也常作为小吃、宴席点心。

实训12 香菇包

一、原料配备

坯料： 面粉500g，白糖50g，酵母5g，泡打粉5g，温水230g。

馅料： 前腿肉350g，水发香菇150g，大骨汤100g，盐5g，味精2g，胡椒粉2g，麻油5g，生抽5g，老抽3g。

辅料： 可可粉15g，冷水20g。

二、制作过程

1. **制馅：** 将水发香菇洗净，切小丁；前腿肉剁成肉泥。肉泥加盐、大骨汤搅打上劲，依次加入味精、生抽、老抽、麻油、胡椒粉、香菇丁拌匀，放入冰箱冷藏1h，即成香菇肉馅备用。
2. **调制面坯：** 面粉与泡打粉混合过筛，放在案板上开窝，加入酵母、白糖、温水，揉匀揉透，醒面5min。
3. **成形：** 将面坯搓成长条，下剂25g/个，用擀面杖擀成中间稍厚边缘稍薄的圆皮。放入馅心，用拢上法收口成圆顶包的造型，用可可粉和冷水调制成芡汁，在生坯表面均匀地刷上一层芡汁。将剩余面坯，搓成长条状，切成适中长度的小段作香菇柄。
4. **醒发：** 将生坯置于醒板上摆放整齐，放入35℃醒发箱中醒发30min。
5. **成熟：** 将醒发好的生坯逐个摆入蒸笼内，旺火足汽蒸10min，取出装盘即可。

三、成品特点

形似香菇，造型逼真，柔润松软，甜咸适口。

四、制作关键

1. 馅心调味要准确，稀稠度要适合，太软不利于包捏。
2. 面坯软硬要适宜，太软会影响造型。
3. 成形收口时，要逐渐向中间收拢，坯皮的周边不要高于虎口，否则收口处有许多褶皱，容易造成漏馅的现象。

4．掌握好生坯的醒发程度，醒发至生坯有如香菇表面裂开的纹路时取出。

五、评价标准

总得分

项次	项目及技术要求	单次配分	得分
1	器皿清洁干净，个人卫生达标	10	
2	馅心调味准确，稀稠度适宜	20	
3	造型美观，裂纹自然，大小均匀	30	
4	口感松软，香滑爽口，无异味	30	
5	卫生打扫干净，工具摆放整齐	10	

六、知识拓展

香菇包是近几年兴起的一款创新象形包点，是2019年“湖南技能大赛”湘点项目中的规定品种，也曾出现在《舌尖上的中国》（第三季）中，因其外形酷似香菇，口味独特而深受消费者的喜爱。目前湖南不少酒店、餐饮企业的餐桌上都可以看到香菇包的身影，由于该制品制作非常精细，也用为湘点比赛品种或作为展台作品进行展示。

实训13 金铃包

一、原料配备

坯料：面粉500g，白糖50g，酵母5g，泡打粉5g，温水235g。

馅料：豆沙馅400g。

辅料：枸杞20个。

二、制作过程

1. **备料：**将豆沙馅搓成长条，下剂20g/个，搓成球形备用。
2. **调制面坯：**面粉与泡打粉混合过筛，放在案板上开窝，加入酵母、白糖、温水，揉匀揉透，醒面5min。
3. **成形：**将面坯搓成长条，下剂25g/个，拍成中间稍厚、周边薄的圆形坯皮。包入豆沙馅，用虎口慢慢收拢捏紧，封口朝下，搓成一头尖、一头圆，在尖端用剪刀剪一大口使馅心露出，左手抓住底部，在圆端从左向右横剪一排尖刺，如此不间断剪至尖口处，再在圆头尾部两侧剪出两片叶子，搓捏出一支叶柄，叶子用手指捏扁，用木梳按出叶纹，顶端开口塞一粒枸杞即成金铃包生坯。
4. **醒发：**将生坯置于醒板上摆放整齐，放入35℃醒发箱中醒发25min。
5. **成熟：**将醒发好的生坯逐个摆入蒸笼内，旺火足汽蒸10min，取出装盘即可。

三、成品特点

形似金铃，造型精美，口感松软，甘香甜润。

四、制作关键

1. 面坯软硬要适宜，太软会影响造型。
2. 包馅时，豆沙馅要包制在坯皮中间，不能包歪，否则会漏馅。
3. 成形时注意剪制的深浅要适宜，防止漏馅。
4. 生坯醒发要恰到好处，掌握好蒸制时间。

五、评价标准

总得分

项次	项目及技术要求	单次配分	得分
1	器皿清洁干净，个人卫生达标	10	
2	面坯调制准确	20	
3	造型美观，大小一致，剪刺均匀	30	
4	口感松软，无漏馅，无异味	30	
5	卫生打扫干净，工具摆放整齐	10	

六、知识拓展

金铃包属于湖南传统名点，也是发酵面坯中花色包子的一种，因造型美观、生动，常用于宴席点心。

实训14 秋叶盐菜包

一、原料配备

坯料： 面粉500g，白糖50g，酵母5g，泡打粉5g，温水250g。

馅料： 盐菜200g，白糖200g，肥膘肉100g，菜籽油30g，盐3g，白酒5g。

二、制作过程

1. **制馅：** 将盐菜去茎叶洗净，用清水浸泡，拧干水分蒸烂，切成细末，放入锅用中小火炒干水分捞出；锅中放入菜籽油烧热，倒入盐菜，加盐翻炒，直至盐菜呈诱人的亮黑色、香味浓郁时出锅、摊凉；肥膘肉剁成蓉放入盆内，加白酒、盐、白糖擦匀腌制2d后取出，加入炒香的盐菜末拌匀成盐菜馅备用。
2. **调制面坯：** 面粉与泡打粉混合过筛，放在案板上开窝，加入酵母、白糖、温水，揉匀揉透，醒面5min。
3. **成形：** 将面坯搓成长条，下剂30g/个，用擀面杖擀成中间稍厚边缘稍薄的圆皮。左手托皮，右手挑入馅心20g，将坯皮一边向中间对折，右手食指与拇指交替捏出对称褶纹，最后在末端捏细叶尖成秋叶形，即成盐菜包生坯。
4. **醒发：** 将生坯置于醒板上摆放整齐，放入35℃醒发箱中醒发30min。
5. **成熟：** 将醒发好的生坯逐个摆入蒸笼内，旺火足汽蒸10min，取出装盘即可。

三、成品特点

形似秋叶，色白光洁，蓬松暄软，脂香甜润。

四、制作关键

1. 馅心调制要准确，肥膘肉需要提前腌制。
2. 包馅时，馅心要包制在坯皮中间，防止漏馅。
3. 成形时收口要捏紧，褶纹要清晰，呈秋叶形。
4. 生坯醒发要恰到好处，掌握好蒸制时间。

五、评价标准

总得分

项次	项目及技术要求	单次配分	得分
1	器皿清洁干净，个人卫生达标	10	
2	馅心调制准确	20	
3	造型美观，大小一致，褶纹清晰均匀	30	
4	口感松软，口味咸甜适中，无异味	30	
5	卫生打扫干净，工具摆放整齐	10	

六、知识拓展

“乌黑盐菜飘浓香，糖馅溶稠甜经量，形圆色白皮松软，百年名点誉三湘”，这是对湖南传统名点——秋叶盐菜包的赞誉，盐菜经多次浸泡、煸炒、蒸至色泽油亮、质地松软、香气浓烈时，加以白糖等相关辅料拌制成馅料，再配以发酵面坯制成包子，具有绵软可口、入口即化的特点。

实训15 狮头榨菜包

一、原料配备

坯料： 面粉500g，白糖50g，酵母5g，泡打粉5g，温水240g。

馅料： 榨菜300g，五花肉100g，大骨汤30g，香葱30g，盐2g，味精5g，白糖5g，麻油10g，干辣椒粉10g。

二、制作过程

1. **制馅：** 将香葱去根须，洗净切葱花；榨菜洗净切成小粒入锅焯水，去掉部分咸味后出锅沥干水分，倒入锅中炒干水分，加入麻油、干辣椒粉煸香，出锅凉凉；五花肉剁成泥后放入盆内，加入盐、大骨汤用力搅打至肉质起胶，加入榨菜粒、白糖、味精、麻油、葱花拌匀成榨菜馅备用。
2. **调制面坯：** 面粉与泡打粉混合过筛，放在案板上开窝，加入酵母、白糖、温水，揉匀揉透，醒面5min。
3. **成形：** 将面坯搓成长条，下剂30g/个，擀成中间稍厚边缘稍薄的圆皮。左手托皮，右手挑入馅心20g，用右手拇指、食指沿边提捏出褶纹，最后留出面皮的1/3不捏褶直接捏紧收口即成生坯。
4. **醒发：** 将生坯置于醒板上摆放整齐，放入35℃醒发箱中醒发30min。
5. **成熟：** 将醒发好的生坯逐个摆入蒸笼内，旺火足汽蒸10min，取出装盘即可。

三、成品特点

形似狮头，色白光洁，膨松柔软，香辣爽口。

四、制作关键

1. 馅心调制要准确。
2. 面坯软硬要适宜，太软会使花纹不清晰而影响造型。
3. 成形时收口要捏紧，褶纹要清晰。
4. 生坯发酵要恰到好处，掌握好蒸制时间。

五、评价标准

总得分

项次	项目及技术要求	单次配分	得分
1	器皿清洁干净，个人卫生达标	10	
2	馅心调制准确	20	
3	造型美观，大小一致，褶纹清晰均匀	30	
4	醒发充分，口感松软，无异味	30	
5	卫生打扫干净，工具摆放整齐	10	

六、知识拓展

榨菜包是湖南人早餐中常见的一款包子，将榨菜包捏成狮头的造型是湖南点心的一大特色，而其馅心以榨菜、鲜肉和干辣椒粉调制而成，味道香辣爽口。

实训16 四眼笋肉包

一、原料配备

坯料： 面粉500g，白糖50g，酵母5g，泡打粉5g，温水250g。

馅料： 五花肉250g，烟笋100g，干香菇30g，盐5g，味精3g，生抽3g，老抽3g，胡椒粉2g，麻油6g，大骨汤100g。

二、制作过程

1. **备料：** 干香菇用热水泡发、切末；烟笋焯水去涩味、切末，下锅炒干水分，加入油炒香，调味出锅备用。
2. **制馅：** 五花肉剁成泥后放入盆内，加入盐、味精、生抽、老抽、大骨汤用力搅打至肉质起胶，加入香菇末、笋末、胡椒粉、麻油搅拌均匀即成笋肉馅备用。
3. **调制面坯：** 面粉与泡打粉混合过筛，放在案板上开窝，加入酵母、白糖、温水，揉匀揉透，醒面5min。
4. **成形：** 将面坯搓成长条，下剂60g/个，拍成直径8cm，边薄中厚的圆面皮。左手托皮，右手挑入馅心40g，用双手食指与拇指捏住圆皮两端，向中间挤捏成一个十字，再将十字的四条边向上挤拢、收紧，摘去多余面剂即成生坯。
5. **醒发：** 将生坯置于醒板上摆放整齐，放入35℃醒发箱中醒发30min。
6. **成熟：** 将醒发好的生坯逐个摆入蒸笼内，旺火足汽蒸10min，取出装盘即可。

三、成品特点

色泽洁白，松软饱满，四眼工整均匀，收口美观，笋香爽嫩。

四、制作关键

1. 馅心调味要准确，烟笋需要焯水去涩味。
2. 面坯的软硬度要适宜，要揉匀揉透。
3. 成形时，坯皮要均匀地分成四等份，否则四眼不均匀。

4．掌握好醒发时间，醒发要恰到好处。

五、评价标准

总得分

项次	项目及技术要求	单次配分	得分
1	器皿清洁干净，个人卫生达标	10	
2	馅心调制准确	20	
3	造型美观，四眼工整，大小均匀	30	
4	口感松软，无漏油，无异味	30	
5	卫生打扫干净，工具摆放整齐	10	

六、知识拓展

“宁可食无肉，不可居无竹”，将肉与竹结合起来制作成美味的早点，最初只有湖南的笋肉大包和江苏的三丁大包。笋肉大包也称四眼笋肉包，是湖南人最爱的一道特色点心，也是湖南名点。其馅心是用五花猪肉加上湖南笋干（烟笋）融合而成，笋肉结合不仅提升了肉馅的品质，而且还解腻，味道鲜美无比。笋肉包用笋干替代鲜笋，更加增强了烟笋的独特香味。烟笋是湖南的特色，每到3月底，勤劳的湖湘山里人家家户户就上山挖竹笋，晚上削下笋壳，用水蒸、煮软之后晒干。晒干后的笋子像根根灿灿的黄金条，纯黄透亮。笋干加工制作中再经过烟熏，成品颜色发黑，且带有明显的烟熏味道，因此也被称为烟熏笋。烟熏过的笋干呈现黑褐色，表面还带有少许白霜以及特殊的香味，既方便储存还能除去涩味，并且因为烟熏这道工序，形成了烟笋独特的风味。

实训17 鲜肉提褶包

一、原料配备

坯料： 面粉500g，白糖50g，酵母5g，泡打粉5g，温水250g。

馅料： 五花肉400g，生姜20g，香葱40g，盐7g，味精5g，生抽3g，老抽3g，胡椒粉5g，麻油10g，大骨汤175g。

二、制作过程

1. **制馅：** 将香葱去根须洗净切葱花；生姜去皮切末；五花肉剁成泥后放入盆内，加入盐、味精、生抽、老抽、大骨汤用力搅打至肉质起胶，加入葱花、姜末、胡椒粉、麻油搅拌均匀即成鲜肉馅，放入冰箱冷冻1h备用。
2. **调制面坯：** 面粉与泡打粉混合过筛，放在案板上开窝，加入酵母、白糖、温水，揉匀揉透，醒面5min。
3. **成形：** 将面坯搓长条，下剂35g/个，擀成中间稍厚边缘稍薄的圆皮。左手托皮，右手挑入馅心20g，右手大拇指、食指、中指沿边提捏成18个以上的褶纹，最后收口成“荸荠肚、鲫鱼嘴”，即成鲜肉提褶包生坯。
4. **醒发：** 将生坯置于醒板上摆放整齐，放入35℃醒发箱中醒发30min。
5. **成熟：** 将醒发好的生坯逐个摆入蒸笼内，旺火足汽蒸10min，取出装盘即可。

三、成品特点

形似灯笼，褶纹清晰均匀，皮白松软，鲜嫩多汁。

四、制作关键

1. 馅心调味要准确，上馅时，馅心要居中而不偏。
2. 面坯软硬要适宜，反复揉匀揉透。
3. 提褶时，左手托皮要顺着右手提捏进度，用食指、中指配合送皮；右手提拉幅度一致，捏皮时手指用力均匀，拇指适当前移；双手动作协调，配合得当。

4．生坯醒发要恰到好处，掌握好蒸制时间。

五、评价标准

总得分

项次	项目及技术要求	单次配分	得分
1	器皿清洁干净，个人卫生达标	10	
2	馅心调制准确	20	
3	造型美观，褶纹清晰，大小均匀	30	
4	膨松暄软，无漏油，无异味	30	
5	卫生打扫干净，工具摆放整齐	10	

六、知识拓展

鲜肉提褶包采用提褶捏法成形，是湘点重要成形方法之一，也是湘点成形技艺中难度较大的一种方法，使用普遍，手法复杂多样，历年来均被指定为湖南省职业院校技能比赛项目。提褶包收口时根据品种要求，可开口或闭口，开口如南翔小笼包，使馅露出；闭口如蟹黄汤包，防卤汁外溢。提褶技法复杂、难度较大，要反复练习才能掌握。只有真正地理解了提褶的操作技术，才能使制成的湘点形象美观、合乎质量要求。

实训18 虾仁芙蓉包

一、原料配备

坯料： 面粉500g，酵母5g，泡打粉5g，白糖50g，温水240g。

馅料： 五花肉300g，熟笋粒50g，鲜虾仁80g，盐4g，味精3g，胡椒粉5g，麻油10g，大骨汤100g，基围虾20只，蛋清20g。

辅料： 菜籽油200g。

二、制作过程

1. **备料：** 将基围虾洗净煮熟，去头留尾，调味备用；鲜虾仁洗净，用纱布吸干水，加入适量蛋清与盐抓匀，过菜籽油，改刀成小丁。
2. **制馅：** 五花肉剁成泥后放入盆内，加盐、味精、大骨汤用力搅打至肉质起胶，依次加入虾仁丁、熟笋粒、胡椒粉、麻油拌匀成虾仁鲜肉馅，放入冰箱冷冻1h备用。
3. **调制面坯：** 面粉与泡打粉混合过筛，放在案板上开窝，加入酵母、白糖、温水，揉匀揉透，醒面5min。
4. **成形：** 将面坯搓成长条，下剂35g/个，擀成直径10cm的面皮。将面皮放在案板上，在皮边沿抹少许面粉，沿边皮向内折入约1.5cm，折成一个圈，翻边放入左手掌（折边朝下）放入虾仁鲜肉馅15g，提捏18褶成鲫鱼嘴，形成芙蓉花状，在鲫鱼嘴中倒插一只虾尾即成芙蓉包生坯。
5. **醒发：** 将生坯置于醒板上摆放整齐，放入35℃醒发箱中醒发30min。
6. **成熟：** 将醒发好的生坯逐个摆入蒸笼内，旺火足汽蒸10min，取出装盘即可。

三、成品特点

形似芙蓉，色泽洁白，口感松软，咸鲜可口。

四、制作关键

1. 馅心调味要准确，面坯软硬要适宜，反复揉匀揉透。
2. 擀制面皮时，中间稍厚，周边薄呈荷叶边状。

3．成形时，折入的部分要适宜，抹粉不要过多，双手配合要协调，提褶方法要正确。
4．醒发时间要适当，醒发过度会使褶纹不清晰。

五、评价标准

总得分

项次	项目及技术要求	单次配分	得分
1	器皿清洁干净，个人卫生达标	10	
2	馅心调制准确	20	
3	造型美观，褶纹清晰，大小均匀	30	
4	口感松软，咸鲜可口，异味	30	
5	卫生打扫干净，工具摆放整齐	10	

六、知识拓展

湖南自古盛植木芙蓉，唐宋时代湘、资、沅、澧流域广生木芙蓉，高者可达数丈，花繁盛，有白、黄、淡红数色，繁盛丰茂，而又颇为淡雅素美。五代诗人谭用之游湘江后赋诗《秋宿湘江遇雨》："秋风万里芙蓉国，暮雨千家薜荔村"而被广为传诵。毛泽东同志曾两次引用此诗，更使"芙蓉国"之名晓谕全国。在深厚的文化底蕴下，湘点师傅们精心设计、巧手制作的一款包子因形似芙蓉花而得名。芙蓉包造型美观，馅鲜味美，是湖南宴席点心的常见品种，也是体现湖南深厚饮食文化的著名湘点品种。

实训19 荷叶夹

一、原料配备

坯料： 面粉500g，酵母5g，泡打粉5g，白糖50g，温水240g。

辅料： 麻油50g，胡椒粉15g。

二、制作过程

1. **调制面坯：** 面粉与泡打粉混合过筛，放在案板上开窝，加入酵母、白糖、温水，揉匀揉透，醒面5min。
2. **成形：** 将面坯搓成长条，下剂40g/个，擀成直径12cm的圆形面皮。在坯皮表面抹一层麻油、胡椒粉，对折成半圆皮后再抹一层麻油，继续折成扇形，用木梳在面坯表面对称按压出4条叶纹，在每条叶纹的弧边用梳子稍往内压出凹痕，即成荷叶夹生坯。
3. **醒发：** 将生坯置于醒板上摆放整齐，放入35℃醒发箱中醒发20min。
4. **成熟：** 将醒发好的生坯逐个摆入蒸笼内，旺火足汽蒸10min，取出装盘即可。

三、成品特点

色泽洁白，表皮光亮，体积膨松，质感柔软，形似荷叶。

四、制作关键

1. 面坯软硬要适宜，反复揉匀揉透。
2. 擀制面皮时，坯皮要厚薄一致，要均匀刷上油。
3. 成形时，需折成扇形，压出的纹路深浅要得当。
4. 醒发时间要适当，醒发过度会使纹路不清晰。

五、评价标准

总得分

项次	项目及技术要求	单次配分	得分
1	器皿清洁干净，个人卫生达标	10	
2	面坯调制准确	20	
3	造型美观，纹路清晰，大小均匀	30	
4	口感松软，无异味	30	
5	卫生打扫干净，工具摆放整齐	10	

六、知识拓展

湖南盛产莲子，湘潭又被称莲城，百姓生活与荷紧密相连，巧花心思，将寻常发面制作成形似荷叶的面点，取名荷叶夹，是一款独具湖湘地域风格的特色湘点，色白暄软，美味爽口，食用时搭配肥腻的湘菜食用，风味更佳，常用作宴席点心，与梅菜扣肉等口味肥腻的菜肴搭配上桌。

任务二　化学膨松面坯类湘点制作

实训1　长沙结麻花

一、原料配备

坯料： 面粉500g，鸡蛋1个，绵白糖100g，泡打粉12g，冷水150g，菜籽油10g，白芝麻20g。

辅料： 色拉油1000g。

二、制作过程

1. **调制面坯：** 面粉与泡打粉混合过筛，放在案板上开窝，加入绵白糖、鸡蛋、菜籽油、冷水，揉匀揉透，醒面10min。
2. **成形：** 面坯搓成长条，下剂8g/个，将其搓成手指粗细长条，表面刷少许菜籽油，封保鲜膜，醒发30min；将剂子搓成长条形，边搓边揉，大约20cm长时将两端提起，使其自然卷成麻花状，反复两次搓制成形即成生坯，撒上白芝麻。
3. **成熟：** 锅中放入色拉油加热至120℃，将生坯逐个放入浸炸，待生坯膨大浮起后升温至180℃，炸至金黄色，出锅沥油装盘即可。

三、成品特点

色泽棕黄，形态整齐，条股顺畅，质地酥脆。

四、制作关键

1. 面坯软硬要适宜，要揉匀醒透，下剂后要刷油封盖、醒面松劲。
2. 搓制时掌握正确的手法，保持花纹美观、炸透不散。
3. 炸制时掌握好油温，低温下锅，高温出锅，生坯炸透并要适时翻动使其受热均匀。

五、评价标准

总得分

项次	项目及技术要求	单次配分	得分
1	器皿清洁干净，个人卫生达标	10	
2	面坯调制准确	20	
3	造型美观，形态整齐	30	
4	口感脆而不艮，无焦煳	30	
5	卫生打扫干净，工具摆放整齐	10	

六、知识拓展

长沙结麻花是拥有100多年历史的长沙传统油炸小食，也是湖南人过年最爱的零食之一。每逢过年，湖南家家户户总会买一些如小花片、灯芯糕、结麻花等独具湖南特色的年货来待客。我国各地有名的麻花还有天津麻花、山西稷山麻花、陕西咸阳麻花、湖北崇阳麻花、苏杭藕粉麻花等，其中天津麻花以大出名，山西稷山麻花以油酥出名，湖北崇阳麻花以小出名，而湖南长沙的结麻花则别具一格，以面粉、菜籽油、香料为主料，把两三股条状的面拧在一起，采用纯手工的传统制作工艺而成，口感甜、脆、酥，既可作零食，又可佐酒伴茶，是理想的休闲小食品，常被作为湖南特产赠送给亲朋好友。

实训2 油条

一、原料配备

坯料： 面粉500g，盐6g，油条膨松剂10g，温水300g。

辅料： 色拉油1000g。

二、制作过程

1. **调制面坯：** 面粉与油条膨松剂混合过筛，倒入盆内，加入盐、温水，揉匀揉透，成团后盖上保鲜膜静置20min，再用手将面坯从四周向中间提压并搋面至表面光滑，反复三次使面坯变得光洁柔顺有延伸性，最后提拉成条状，醒面30min。
2. **成形：** 案板上撒一层面粉，将醒好的面坯拉长，表面撒少许面粉，用走槌擀成0.5cm厚、10cm宽的面皮，切成宽约2cm的长条，取两块面坯叠在一起，用刀背从中间压一道凹槽，两手抓住条两端，轻轻拉长约30cm，左手松开，右手顺势向内甩扭一下，使生坯滚扭成形。
3. **成熟：** 锅中放入色拉油加热至210℃，双手提起生坯逐个放入油锅内，边炸边用长竹筷拨动，炸至金黄，捞出沥干油装盘即可。

三、成品特点

色泽金黄，外脆里软，内呈丝瓜瓤状。

四、制作关键

1. 面坯调制要稍软，醒面时间要充分。
2. 成形时两头要捏紧，拉抻时力度均匀。
3. 面团制作过程中尽量使用提、搋等技法，防止破坏面坯的组织结构，确保在出条、拉伸等制作环节具有良好的延伸性。
4. 炸制过程中要注意高油温下锅，高油温和适时拨动可使油条瞬间膨大形成“丝瓜瓤”结构，油温过低会对油条成形产生较大不良影响。

五、评价标准

总得分

项次	项目及技术要求	单次配分	得分
1	器皿清洁干净、个人卫生达标	10	
2	条索紧实不松散	20	
3	形状呈长条形、粗细均匀	30	
4	口感酥脆、组织膨松	30	
5	卫生打扫干净、工具摆放整齐	10	

六、知识拓展

油条是一种长条形、中空的中式面食，经油炸而成，口感松脆有韧劲，是中国传统的早点之一。《宋史》记载，宋朝时，秦桧迫害岳飞，民间通过炸制一种类似油条的面制食品（油炸桧）来表达愤怒。与油条类似的油炸面食，其起源远远早于宋朝，可追溯到唐以前，具体时期不得考证。作为一种极具国民度的食物，油条在中国人的餐桌上可单吃、可入菜，甚至裹馅、入馅，吃法风格迥异，滋味各有千秋。

实训3 开口笑

一、原料配备

坯料： 面粉500g，小苏打4g，泡打粉4g，白糖200g，菜籽油50g，鸡蛋1个，冷水150g。

辅料： 白芝麻100g，色拉油1000g。

二、制作过程

1. **调制面坯：** 面粉与泡打粉混合过筛，置于案板上开窝，加入冷水、小苏打、白糖、鸡蛋、菜籽油，搅至白糖溶化，采用复叠法调匀成团，醒面10min。
2. **成形：** 将面坯搓成长条，下剂20g/个，搓圆，表面撒少许水，粘上白芝麻搓紧即成开口笑生坯。
3. **成熟：** 锅中放入色拉油加热至120℃，逐个放入生坯浸炸，待浮起后升温至180℃，炸至成品表面自然开裂、色泽金黄，捞出沥干油，装盘即可。

三、成品特点

色泽金黄，开口自然，香甜酥松。

四、制作关键

1. 调制面坯时不可多揉，防止起筋而影响开口。
2. 要掌握面粉的吸水量，成形时要粘牢白芝麻。
3. 炸制时掌握好油温，适时翻动生坯，使其受热均匀。

五、评价标准

总得分

项次	项目及技术要求	单次配分	得分
1	器皿清洁干净，个人卫生达标	10	
2	面坯调制准确，白芝麻粘连牢固	20	
3	形状饱满圆润，大小均匀，开口自然	30	
4	口感酥松，无焦煳，无异味	30	
5	卫生打扫干净，工具摆放整齐	10	

六、知识拓展

开口笑又称开口酥，是湖南传统风味小吃中的特色品种，是一款呈圆球形、实心、外粘芝麻、炸制而成的小吃。因其炸制过程中表面会自然裂口而称之为开口笑，以香、甜、酥著称，可用作茶食、茶点。做好开口笑，需要掌握关键要点，否则“口难开”，更“笑”不起来。

实训4 龙头酥

一、原料配备

坯料：面粉500g，菜籽油30g，鸡蛋1个，盐5g，白糖15g，泡打粉2g，冷水160g。

辅料：色拉油1000g。

二、制作过程

1. 调制面坯：面粉与泡打粉混合过筛，放在案板上开窝，加入菜籽油、白糖、鸡蛋、盐，先搅拌均匀，使其充分混合，再分次加冷水，揉匀揉透，醒面15min。
2. 成形：将面坯擀成长方形薄面片，切成长8cm、宽3cm的长面片，取两片叠摞在一起并沿长边对折，垂直于折痕切三刀至3/4处，打开，一头穿过中间切口拉直，即成龙头酥生坯。
3. 成熟：锅中放色拉油，加热至180℃，将生坯逐个放入油锅中炸至金黄色，捞出沥干油，装盘即可。

三、成品特点

色泽金黄，口感酥脆，咸香适口。

四、制作关键

1. 面坯要稍硬，醒面时间要充分。
2. 擀制面皮要薄，否则会影响成品口感。
3. 炸制时掌握好油温，适时翻动生坯，使其受热均匀。

五、评价标准

总得分

项次	项目及技术要求	单次配分	得分
1	器皿清洁干净，个人卫生达标	10	
2	面坯调制准确	20	
3	形状规整，大小均匀	30	
4	色泽金黄，口感酥脆，无焦煳	30	
5	卫生打扫干净，工具摆放整齐	10	

六、知识拓展

龙头酥是湖南的一种传统特色小吃，以面粉、鸡蛋、油等为主料，配以少量的化学膨松剂炸制而成，可甜可咸，可根据不同的配料调制不同的口味，如加入芝麻、五香粉等，有香、酥、脆的特点，可作为饭后茶点、零食来食用。

实训5 冰花鸡蛋饼

一、原料配备

坯料：面粉500g，猪油100g，鸡蛋2个，白糖200g，泡打粉10g，臭粉5g，冷水150g。

二、制作过程

1. **调制面坯：** 面粉与泡打粉混合过筛，放在案板上开窝，加入猪油、白糖、鸡蛋、臭粉，先将其搅拌均匀，使其混合充分，再分次加冷水，加剩余的面粉拌匀，折叠两到三次成面坯，醒面5min。
2. **成形：** 将面坯搓成长条，下剂30g/个，搓圆，擀成圆饼状，表面粘上白糖，即成冰花鸡蛋饼生坯。
3. **成熟：** 将生坯逐个摆入烤盘内，烤箱温度上火180℃，下火220℃，烤至内外熟透取出装盘即可。

三、成品特点

色泽洁白，表面着晶莹剔透糖霜，香甜松脆。

四、制作关键

1. 面坯不可多揉，防止起筋。
2. 要注意面粉的吸水量，灵活调节水量。
3. 烤制时掌握好炉温。
4. 表面装饰的白糖尽量选用颗粒较粗的砂糖，所呈现的“冰花”视觉效果更佳。

五、评价标准

总得分

项次	项目及技术要求	单次配分	得分
1	器皿清洁干净，个人卫生达标	10	
2	面坯调制准确	20	
3	形圆，大小均匀	30	
4	口感酥软，无焦煳，无异味	30	
5	卫生打扫干净，工具摆放整齐	10	

六、知识拓展

冰花鸡蛋饼是湖南家喻户晓的传统点心，属于化学膨松制品，以其色泽淡黄、口味酥松香甜而深受消费者的喜爱。

任务三　物理膨松面坯类湘点制作

实训1　竹叶蛋糕

一、原料配备

坯料： 鸡蛋5个，白糖120g，蛋糕油10g，低筋面粉120g，水50g，色拉油50g，盐2g。

二、制作过程

1. **调制面坯：** 将鸡蛋、白糖放入搅拌桶中搅拌至白糖溶化，加入蛋糕油拌匀，加入过筛低筋面粉和盐搅打至充分起发，面糊颜色由深变浅，由稀变稠后依次呈流线型加入水和色拉油慢速搅拌均匀成面糊。
2. **成形：** 烤盘垫上油纸，将调好的面糊倒入烤盘中，刮平，将蛋黄挤在面糊表面成竖线条状，用筷子在线条横着划出长线条呈竹叶状。
3. **成熟：** 烤箱温度上火200℃，下火180℃，烘烤12min，表面呈金黄色，取出凉凉改刀成小块装盘即可。

三、成品特点

色泽金黄，竹叶鲜明，膨松暄软，香甜细腻。

四、制作关键

1. 调制面糊时注意投料顺序。
2. 搅打蛋液时，所用工具和容器要干净，无水无油，以防破坏气泡。
3. 烤制蛋糕时掌握好炉温和烘烤时间。

五、评价标准

总得分

项次	项目及技术要求	单次配分	得分
1	器皿清洁干净，个人卫生达标	10	
2	面糊调制准确	20	
3	造型美观，竹叶清晰，大小均匀	30	
4	口感膨松绵软，无夹生，无异味	30	
5	卫生打扫干净，工具摆放整齐	10	

六、知识拓展

竹叶蛋糕是湖南特色糕点之一，因蛋糕表面有一层似竹叶的纹路而成为特色，主要以面粉、鸡蛋、糖等为原料制作而成，是湖南众多湘点中为数不多的以物理膨松面坯调制而成的一种糕点，具有香味浓郁、口感松软的特点。

实训2 蒸蛋糕

一、原料配备

坯料：鸡蛋5个，白糖120g，蛋糕油10g，低筋面粉120g，水50g，色拉油50g，盐2g。

二、制作过程

1. **调制面坯**：将鸡蛋、白糖放入搅拌桶中搅拌至白糖溶化，加入蛋糕油拌匀，加入过筛低筋面粉和盐搅打至充分起发，面糊的颜色由深变浅，由稀变稠后依次呈流线型加入水和色拉油慢速搅拌均匀成面糊。
2. **成形**：面糊装入蛋糕模具七至八成满，包上保鲜膜，用牙签插孔。
3. **成熟**：将蛋糕模具放在蒸锅上，旺火足汽蒸40min，趁热倒在案板上，稍凉后脱模，装盘即可。

三、成品特点

色泽浅黄，组织细腻，绵软香甜，柔润适口。

四、制作关键

1. 调制面糊时注意投料顺序。
2. 搅打蛋液时，所用工具和容器要干净，无水无油，以防破坏气泡。
3. 成熟时，蒸锅要提前烧热，掌握好蒸制时间，要蒸熟蒸透。

五、评价标准

总得分

项次	项目及技术要求	单次配分	得分
1	器皿清洁干净，个人卫生达标	10	
2	面糊调制准确	20	
3	造型美观，大小均匀	30	
4	口感膨松绵软，无夹生，无异味	30	
5	卫生打扫干净，工具摆放整齐	10	

六、知识拓展

蒸蛋糕，是一道充满古早味和家乡情怀的传统糕点。蒸蛋糕的历史悠久，早在古代，人们就已经开始利用蒸制技术制作蛋糕，传承至今，已形成了多种独特的风味和制作工艺。此外，中国传统蒸蛋糕还融合了各地的特色风味和制作工艺。比如南方的蒸蛋糕更注重口感细腻、香甜可口，而北方的蒸蛋糕则更加注重口感的韧性和嚼劲。不同的地区还有着各自独特的配料和制作工艺，使得蒸蛋糕的口味和风味更加多样化。

模块四

油酥面坯类湘点制作

模块导读

通过本模块的学习，熟悉油酥面坯的基本知识和分类，并通过实际训练掌握其中具有代表性的湖南油酥面坯的制作方法，如原料配备、制作过程和制作关键等操作技能。了解湖南油酥面坯制作的一般规律，具备运用所学知识解决实际问题的能力。

学习目标

1. 掌握油酥面坯制作的基本知识。
2. 掌握油酥面坯的分类。
3. 掌握油酥面坯的制作方法。
4. 掌握油酥面坯的制作过程及操作关键。
5. 具备爱岗敬业的职业精神、吃苦耐劳的劳动精神和精益求精的工匠精神。
6. 增强职业岗位所具备的卫生意识、规范意识和原料精用的节约意识。
7. 热爱湖湘饮食文化，强化文化自信。

项目一

油酥面坯概述

任务一　油酥面坯概念及分类

一、油酥面坯概念

油酥面坯是指用面粉、油脂、水和辅料（鸡蛋、白糖等）调制而成的面坯，主要包括单酥面坯和层酥面坯。

二、油酥面坯分类

油酥面坯分为单酥类面坯和层酥类面坯，单酥是由面粉加油脂直接调制而成的面坯，层酥是由水油面和干油酥组合制成的面坯。湘点的油酥类点心品种类繁多，尤其层酥类点心制作工艺复杂、精细，制作要求高。湘点层酥点心根据使用的原料及制作方法不同，又可以分为暗酥、半暗酥、明酥制品。油酥面坯分类如图4-1所示。

- 油酥面坯
  - 单酥：如桃酥
  - 层酥
    - 暗酥
      - 大包酥：如双麻酥饼
      - 小包酥：如湘式五仁月饼
    - 半暗酥：如荷花酥
    - 明酥
      - 直酥：如木纹酥
      - 圆酥：如圆酥盒
      - 排丝酥：如枇杷酥

图 4-1　油酥面坯分类

（一）单酥面坯

单酥面坯又称混酥类面坯，是由面粉、油脂、糖、蛋或少量清水等原料混合擦制而成的面坯。在制作过程中投放原料的种类和比例，应依据品种的需要而定。这一类面坯适用于制作桃酥等。单酥面坯制品色泽呈淡金黄色、口味香甜、无异味、吃口酥松香脆。

（二）层酥面坯

层酥面坯是由水油面和干油酥两块面坯经特殊调制工艺而制成的面坯。层酥制品是湘点中具有特色的品种，制作精细，大都用于各类比赛、展台作品和高档宴席点心。

任务二　油酥面坯调制方法和要点

一、单酥面坯调制方法和要点

（一）单酥面坯调制方法

面粉倒在案板上，在中间用手扒个圆窝，俗称“开窝”，再加入猪油、白糖、冷水等原料，用手拌匀，并用手掌根部折叠，直至融为团状即可。

（二）单酥面坯的调制要点

（1）掌握好用料比例　猪油与水的比例要准确。

（2）要将面坯折叠成团　这样才能避免产生面筋。

二、层酥面坯调制方法和要点

（一）暗酥面坯调制方法

按起酥方法卷和叠的不同，暗酥面坯有两种制法：一种是用水油面包干油酥，擀成长方形坯皮，折三层，再擀薄成长方形坯皮，卷成圆筒，用刀切成坯子，将刀口两侧向左右，光面向上下，用手按扁，再行包捏；另一种是将水油面与干油酥分别揪成剂子，用水油面包干油酥，擀成长方形坯皮，卷成圆筒，再擀薄，折成方形坯剂，边缘擀薄即可。暗酥的酥层在制品内部，表面没有或有较少酥层的油酥制品称为暗酥。由于暗酥酥层藏在里面，成熟后鼓胀发大，一般适宜做酥饼类，如衡阳薄酥月饼、湘式酥皮月饼、抹酥萝卜饼等。

（二）半暗酥面坯调制方法

半暗酥面坯一般采用小包酥起酥。水油面与干油酥分别揪成剂子，用水油面包干油酥，擀成长方形坯皮，卷成圆筒，再擀薄，折成方形坯剂，边缘擀薄包馅，用刀片切开露出部分层次即可。半暗酥的特点是酥层大部分藏在里面，仅有一小部分露在外面。如荷花酥、菊花酥、佛手酥、雏鸡酥等。

（三）明酥面坯调制方法

明酥是酥层明显且较多露在外部的油酥制品，要求表面酥层清晰，层次均匀而不混酥、不破损和不漏馅等。明酥酥层的形式因起酥方法（卷和叠）和刀切方法（直切或横切）不同，一般有螺旋纹形和直线纹形两种，前者是圆酥，后者为直酥和排丝酥，制品如圆酥盒、金钩萝卜木纹酥等。

1. **圆酥**

用小包酥或大包酥的方法制成卷酥，用刀直切成一段一段，把刀切面向上，用手掌自上而下按扁，再用擀面杖擀成圆形坯皮进行包捏，使圆形纹露在外面。制品如圆酥盒等。

2. **直酥**

基本和圆酥制法相同，只是切法不同。制成卷酥后，根据品种的规格，用刀切下一段，然后将切下的一段顺长方向对剖，剖面向上，两头用手捏尖，折在反面，正面轻轻用手一按，用擀面杖擀成圆形坯皮，翻过来反面包入馅心。制品如金钩萝卜木纹酥等。

3. **排丝酥**

将干油酥按成方形块，放入冰箱冻成一定硬度。将水油面擀成与干油酥一样宽、双倍长的面皮，再将酥心放在水油面皮的一端，将另一半面皮盖于其上，将上下水油面皮的边捏拢后封好口，再用擀面杖将酥皮敲软，擀成长方形薄皮，由两头向中间横向叠成四层。如此重复再叠一次三层，再擀成厚薄一致的长方形坯皮，接着改刀成长宽一致的长方形薄片，每一片刷上蛋液，一片一片叠在一起，用手掌压紧，冷冻备用。制品如枇杷酥等。

（四）层酥面坯调制要点

（1）酥剂要按正，擀制时，要从里向外擀，用力适当，擀正擀圆。

（2）厚薄要均匀一致，卷要卷得紧。

（3）快刀切剂时，下刀要利落以防粘刀，酥面要整齐，把纹理清晰的一面向外。

（4）擀、卷、叠的操作技法要正确，才能使酥层厚薄均匀。

（5）要尽量少用生粉，卷时要卷紧，否则酥层间不易黏结，成品易出现脱壳现象。

（6）起酥后切成的面剂应用湿布盖好，防止面剂起壳而影响成形。

项目二

油酥面坯类湘点制品实训

任务一　单酥面坯类湘点制作

实训1　莲蓉甘露酥

一、原料配备

坯料：低筋面粉250g，白糖125g，猪油125g，鸡蛋50g，臭粉2.5g，泡打粉5g。

馅料：莲蓉300g。

辅料：蛋液适量。

二、制作过程

1. **备料：**莲蓉搓成15g/个的圆球形备用。
2. **调制面坯：**低筋面粉、泡打粉混合过筛，放在案板上开窝，加入白糖、鸡蛋、猪油、臭粉搅至白糖溶化后，折叠两到三次成团。
3. **成形：**将面坯搓成长条，下剂30g/个，用大拇指轻轻压出窝，窝中放入莲蓉馅，搓成圆球形，表面刷上蛋液。
4. **成熟：**将生坯逐个摆入烤盘内，烤箱温度上火170℃，下火170℃，烘烤20min，表面呈金黄色，取出装盘即可。

三、成品特点

成品外形美观，饼面凸起，色泽金黄油亮，吃口酥松柔滑，莲香四溢。

四、制作关键

1. 调制面坯时，手法要灵活，不可多擦多搓，否则会起筋或泄油，影响质量。
2. 皮馅的软硬度要一致，否则影响造型，包制时饼的顶部皮要比底部厚。
3. 烤制用中火，如火过旺，会外焦内生；火小会变形，影响造型。

五、评价标准

总得分

项次	项目及技术要求	单次配分	得分
1	器皿清洁干净，个人卫生达标	10	
2	馅心与坯皮软硬度一致，皮馅比例2∶1	20	
3	外形呈山形，饼坯中间略凸，饼坯直径为5cm，表面有裂纹	30	
4	外皮吃口酥松柔滑，馅心莲香四溢，香味可口	30	
5	卫生打扫干净，工具摆放整齐	10	

六、知识拓展

莲蓉甘露酥是湘点特色湘点之一，馅心选用湘莲制作而成的莲蓉馅。我国莲子以湖南省湘潭县产的湘莲、福建建宁县产的建莲、浙江武义县产的宣莲最为著名，被称为“中国的三大莲子”。其中又以湘莲为最有特色。莲蓉馅，是以莲子、白砂糖、植物油为原料做成的风味独特的点心馅心。制作莲蓉馅的原料有莲子300g、白砂糖180g、植物油150g。制作的方法：莲子提前用冷水浸泡4h以上，时间越长越容易煮烂；泡涨的莲子剥开取出中间的绿芯；把莲子放入锅中，加入和莲子等量的水用电压力锅煮至莲子软烂；待莲子稍稍冷却，放入搅拌机加少许水一起搅打成蓉泥状；炒锅烧热倒入莲蓉，小火慢慢加热让水分蒸发；分三次加入植物油，小火慢慢炒匀，每次都要等油分完全吸收进去再加；加入白砂糖，继续小火不停翻炒，以防烧焦锅底；最后炒到莲蓉中的水分完全蒸发，莲蓉变得油亮成团即可。

实训2 果酱松酥盏

一、原料配备

坯料：面粉250g，白糖75g，猪油100g，鸡蛋100g，泡打粉5g。

馅料：蓝莓果酱250g。

二、制作过程

1. **备料：**将蓝莓果酱装入裱花袋中备用。
2. **调制面坯：**将面粉、泡打粉混合过筛，放在案板上开窝，加入白糖、鸡蛋、猪油搅至白糖溶化，折叠两到三次成团。
3. **成形：**将面坯搓成长条，下剂30g/个，搓圆，用右手大拇指在面坯中央向下按，至面坯高度的2/3位置。
4. **成熟：**将生坯逐个摆入烤盘内，烤箱温度上火170℃，下火170℃，烘烤20min，表面呈金黄色，挤入蓝莓果酱，取出装盘即可。

三、成品特点

色泽微黄，形状美观，入口香酥，蓝莓味浓郁。

四、制作关键

1. 坯料中的白糖应使用糖粉，粗砂粒糖难以溶化，影响成品质量。
2. 松酥饼成形时，不宜捏得太薄。
3. 用中火烤制，注意时间的控制。

五、评价标准

总得分

项次	项目及技术要求	单次配分	得分
1	器皿清洁干净，个人卫生达标	10	
2	盏身色泽微黄	20	
3	盏身厚度1cm，蓝莓果酱馅料占盏身的八成满	30	
4	入口香酥，入喉嫩滑	30	
5	卫生打扫干净，工具摆放整齐	10	

六、知识拓展

蓝莓酱主要成分是蓝莓和白糖，可作为点心的馅料或装饰。蓝莓酱的原料有蓝莓300g、白砂糖120g、柠檬半个，制作方法：首先将蓝莓洗净沥干水分倒入锅内，再分两次加入砂糖。蓝莓果酱的做法和草莓果酱不一样，不用提前腌渍，也不用切开或压碎。先倒一半糖进去，再开小火，用木勺搅拌，砂糖慢慢溶化，蓝莓里的汁水慢慢往外溢出。转中大火，继续搅拌，直至第一次加入的砂糖完全溶化后，再把剩余的倒进去。等砂糖完全溶化后，倒入榨好的柠檬汁。熬煮过程中，会有浮沫出现，用细网勺撇掉这些浮沫。加热7min后关火。在小碗里装些清水，滴入两三滴果酱，如果滴进去的果酱化开了，就说明还没熬煮好，需要熬一小会儿；相反，如果没有化开，还是保持半凝固的状态，就说明熬好了。300g蓝莓的量，从进锅熬煮到熄火，10min以内完成。趁热装进消毒好的玻璃瓶里，盖上瓶盖，入冰箱冷藏保存。蓝莓中含有大量花青素，可促进视网膜细胞中视紫质的再生成，可预防重度近视及视网膜剥离。

实训3 桃酥

一、原料配备

坯料： 面粉250g，绵白糖150g，菜籽油150g，蛋液30g，小苏打4g，泡打粉4g。

辅料： 黑芝麻100g，核桃仁20g。

二、制作过程

1. **备料：** 核桃仁烘香切碎，黑芝麻烘香备用。
2. **调制面坯：** 绵白糖和菜籽油混合擦匀，分次加入蛋液擦匀擦透；面粉、小苏打、泡打粉混合过筛，放在案板上开窝，加入糖油蛋混合物，折叠两到三次成团。
3. **成形：** 将面坯搓成长条，用揪剂法下剂50g/个，搓成球形，用大拇指在面坯中间压出凹槽，放入黑芝麻、核桃仁碎。
4. **成熟：** 将生坯逐个摆入烤盘内，烤箱温度上火160℃，下火160℃，烤制20min，表面呈金黄色，取出装盘即可。

三、成品特点

形似圆饼，色泽微黄，口感酥脆香甜，核桃味浓郁。

四、制作关键

1. 掌握好面坯擦制折叠手法，不宜太散太软。
2. 面剂均匀，搓圆轻按防止裂纹过多。
3. 用中火烤制，注意时间的控制。

五、评价标准

总得分

项次	项目及技术要求	单次配分	得分
1	器皿清洁干净，个人卫生达标	10	
2	色泽微黄，直径8cm的圆形，表面有自然的裂纹	40	
3	干、酥、脆、甜	40	
4	卫生打扫干净，工具摆放整齐	10	

六、知识拓展

桃酥是一种美食点心，但是里面并没有桃，很多朋友都不知道桃酥名字的由来，其实桃酥是“核桃酥”的简称，因为其中核桃的口感酥脆，故而得名。

任务二　暗酥面坯类湘点制作

实训1　酥油饼

一、原料配备

坯料：面粉250g，温水125g，低筋面粉250g，猪油150g。

馅料：绵白糖100g，糖桂花酱10g，玫瑰花碎5g，梅脯10g。

辅料：色拉油1000g。

二、制作过程

1．**制馅**：梅脯切成小粒，与绵白糖、玫瑰花碎、糖桂花酱拌匀，分成15g/个的圆球形备用。

2．**调制面坯**：低筋面粉过筛，放在案板上开窝，加入猪油125g，擦制成光洁的干油酥面坯；面粉过筛，放在案板上开窝，加入猪油25g、温水，揉匀揉透，调制成水油面坯，醒面。

3．**成形**：将干油酥面坯包入水油面坯，用擀面杖擀成1cm厚的长方形，一次三折，再擀成0.7cm厚的长方形，由外向内卷成筒状，按照成品规格要求，切或揪成14个坯剂，逐个拍成坯皮，包入馅心，收拢成球状，收口朝下，再擀成椭圆形生坯。

4．**成熟**：锅中放入色拉油加热至150℃，将生坯逐个放入，炸至两面金黄色，取出装盘即可。

三、成品特点

色泽金黄，形态美观，层次分明，脆而不碎，油而不腻，馅心甘甜利口，果香四溢。

四、制作关键

1．水油面坯与干油酥面坯的软硬度要一致。

2．收口要收紧，否则会漏馅。

3．饼坯不能擀制过薄、过大，否则影响制品的形态及口感。

五、评价标准

总得分

项次	项目及技术要求	单次配分	得分
1	器皿清洁干净，个人卫生达标	10	
2	馅心甘甜利口，果香扑鼻，花香怡人	20	
3	饼呈椭圆形，长径8cm，短径5cm，厚1cm	30	
4	口感香脆酥松，脆而不碎，油而不腻	30	
5	卫生打扫干净，工具摆放整齐	10	

六、知识拓展

酥油饼在清代著名小说《儒林外史》一书中已有记载，并作赞誉。传统的酥油饼用上等白面粉掺入白糖，用花生油煎制而成。酥油饼历史悠久，据传，1000多年前（五代十国末期），赵匡胤与南唐刘仁赡在安徽寿县交战时，当地百姓用栗子面做成酥油饼支援赵军。后来赵匡胤当了皇帝，经常命御厨制作此饼食用。酥油饼作为湘点中的特色点心，馅心上进行了改良，加入玫瑰花、梅脯，糖桂花酱代替白糖，馅心清香扑鼻。

实训2 双麻酥饼

一、原料配备

坯料：面粉250g，温水125g，低筋面粉250g，猪油150g。

馅料：白糖100g，白芝麻100g，猪油10g，低筋面粉20g。

辅料：鸡蛋1个，白芝麻50g。

二、制作过程

1. **制馅**：白芝麻洗净，炒香碾碎成蓉，加入白糖、猪油、低筋面粉擦匀擦透即成麻蓉馅，分成15g/个，搓圆备用。
2. **调制面坯**：低筋面粉过筛，放在案板上开窝，加入猪油125g，擦制成光洁的干油酥面坯；面粉过筛，放在案板上开窝，加入猪油25g、温水，揉匀揉透，调制成水油面坯，醒面。
3. **成形**：将干油酥面坯包入水油面坯，用擀面杖将面坯向四周擀开成1cm厚的长方形，一次三折，再擀成0.7cm厚的长方形，由外向内卷成筒状，按照成品规格要求，切或揪成14个坯剂，逐个拍成坯皮，包入馅心，收拢成球状，收口朝下，再擀成椭圆形生坯。
4. **成熟**：将生坯逐个摆入烤盘内，表面刷上蛋液，粘上白芝麻，烤箱温度上火180℃，下火170℃，烘烤15min，表面呈金黄色，取出装盘即可。

三、成品特点

色泽金黄，呈椭圆形，香脆酥松，层次分明，芝麻味浓郁。

四、制作关键

1. 芝麻用小火翻炒至微黄并散发芝麻香味。
2. 水油面坯与干油酥面坯的软硬度要一致。
3. 收口要捏紧，否则会漏馅，饼坯不能擀制过薄、过大，否则影响制品的形态及口感。
4. 蛋液要涂刷均匀，芝麻要适量，不宜过多或过少。

五、评价标准

总得分

项次	项目及技术要求	单次配分	得分
1	器皿清洁干净，个人卫生达标	10	
2	馅心甜麻油润，有芝麻的清香	20	
3	饼呈椭圆形，长径8cm，短径5cm，厚1cm	30	
4	色泽金黄、香脆酥松、层次分明	30	
5	卫生打扫干净，工具摆放整齐	10	

六、知识拓展

双麻酥饼是湘点传统名点之一，其内馅是芝麻馅，外边粘上白芝麻，因馅心内有芝麻，外皮上粘着芝麻，故称双麻。又因其外皮脆酥油香，内皮层层起酥，馅心甜麻油润，故而得名双麻酥饼。

实训3 梅菜扣肉饼

一、原料配备

坯料： 面粉250g，温水125g，低筋面粉250g，猪油150g。

馅料： 带皮五花肉250g，梅干菜100g，干辣椒20g，酱油5g，盐5g，料酒2.5g，白糖10g，味精2.5g，甜酒汁20g，色拉油250g。

辅料： 鸡蛋1个，白芝麻50g，茶油50g。

二、制作过程

1. **备料：** 将带皮五花肉燎毛刮洗干净，梅干菜用冷水浸泡30min，清洗干净，挤干水分。白糖和料酒兑成甜酒汁。在锅中加入冷水，放入五花肉煮至成熟，捞出沥干水分，将净锅置旺火上，下梅干菜炒干水分，放入色拉油、盐、味精、干辣椒翻炒均匀，盛出待用。锅内倒入色拉油烧至七成热，将五花肉擦干表面水分，抹上甜酒汁，下油锅炸至深红色捞出，放入猪肉原汤中泡至肉皮起皱。将五花肉切成长10cm、厚0.5cm的片，表皮朝下整齐摆放在碗底，剩余的边角料和瘦肉呈“T”形摆放在碗的边缘，撒上适量的盐、味精、酱油、甜酒汁，将梅干菜均匀地铺在五花肉上，淋入茶油。待蒸柜上汽，将装有五花肉、梅干菜的碗放入蒸柜，蒸2小时备用。
2. **制馅：** 将蒸好的梅菜扣肉，剁碎拌匀成馅，备用。
3. **调制面坯：** 低筋面粉过筛，放在案板上开窝，加入猪油125g，擦制成光洁的干油酥面坯；面粉过筛，放在案板上开窝，加入猪油25g、温水，揉匀揉透，调制成水油面坯，醒面。
4. **成形：** 将干油酥面坯包入水油面坯，用擀面杖将面坯向四周擀开成1cm厚长方形，一次三折，再擀成0.7cm厚长方形，由外向内卷成筒状，按照成品规格要求，切或揪成14个坯剂，逐个拍成坯皮，包入馅心，收拢成球状，收口朝下，再擀成圆形生坯。
5. **成熟：** 将生坯逐个摆入烤盘内，表面刷上蛋液、粘上白芝麻，烤箱温度上火180℃，下火170℃，烘烤15min，表面呈金黄色，取出装盘即可。

三、成品特点

色泽金黄，层次分明，口感酥松香脆，油而不腻，入口即化。

四、制作关键

1．梅菜扣肉馅要蒸烂蒸透，否则影响制品口感；梅菜扣肉馅与坯皮比例1∶1，为半皮半馅。

2．水油面坯与干油酥面坯的软硬度要一致。

3．收口要捏紧，否则会漏馅，饼坯不能擀制过薄、过大，否则影响制品的形态及口感。

4．蛋液要涂刷均匀，芝麻要适量，不宜过多或过少。

五、评价标准

总得分

项次	项目及技术要求	单次配分	得分
1	器皿清洁干净，个人卫生达标	10	
2	馅心味道咸鲜，香辣，肉质软烂，肥而不腻，入口即化，梅菜浓郁芳香，皮馅比例1∶1	20	
3	饼呈圆形，直径8cm，厚1cm，收口处收紧，不漏馅	30	
4	色泽金黄，层次分明，口感酥松香脆	30	
5	卫生打扫干净，工具摆放整齐	10	

六、知识拓展

梅菜扣肉饼是湘式特色点心，用梅菜扣肉制成馅心，口感香脆酥松、馅油而不腻、入口即化。梅菜扣肉精选湘西黑猪五花肉，采用传统技法制作，将五花肉切片后拌上调料，再加入炒香的湖南梅干菜，蒸足1h即可上锅。这道梅菜扣肉选用了干辣椒、梅干菜、龙牌酱油等配料，五花肉炸出来的虎皮纹路清晰、外焦里嫩。口感鲜香微辣，肉不腻，梅菜香。

实训4 蛋黄酥

一、原料配备

坯料：面粉250g，温水125g，低筋面粉250g，猪油150g。

馅料：豆沙馅210g，咸蛋黄14个，白酒10g，盐5g。

辅料：鸡蛋1个，黑芝麻50g。

二、制作过程

1. 备料：将咸蛋黄放在烤盘中，撒少许盐，烤箱温度上、下火均为150℃，烘烤5min，取出后喷上少许白酒去腥，放凉备用。
2. 制馅：将豆沙馅搓成15g/个圆球形，包上咸蛋黄，搓圆备用。
3. 调制面坯：低筋面粉过筛，放在案板上开窝，加入猪油125g，擦制成光洁的干油酥面坯，面粉过筛，放在案板上开窝，加入猪油25g、温水，揉匀揉透，调制成水油面坯，醒面。
4. 成形：将干油酥面坯包入水油面坯，用擀面杖将面坯向四周擀开成1cm厚长方形，一次三折，再擀成0.7cm厚长方形，由外向内卷成筒状，按照成品规格要求，切或揪成14个坯剂，逐个拍成坯皮，包入馅心，收拢成球状，收口朝下。
5. 成熟：将生坯逐个摆入烤盘内，表面刷上蛋液，粘上黑芝麻，烤箱温度上火160℃，下火160℃，烘烤15min，表面呈金黄色，取出装盘即可。

三、成品特点

色泽金黄，外皮层层酥松，馅心软糯，清甜带咸，淡淡的红豆香味。

四、制作关键

1. 水油面坯与干油酥面坯的软硬度要一致。
2. 收口要捏紧，否则会漏馅。
3. 蛋液要涂刷均匀，黑芝麻要适量。

五、评价标准

总得分

项次	项目及技术要求	单次配分	得分
1	器皿清洁干净，个人卫生达标	10	
2	馅心软糯，清甜带咸，淡淡的红豆香味，口感极其细腻，入口即化，馅心与面坯的软硬度一致	20	
3	外形呈半球形，直径5cm，重量60g/个	30	
4	色泽金黄，外皮层层酥松	30	
5	卫生打扫干净，工具摆放整齐	10	

六、知识拓展

酥点传入中国后，发展出了蛋挞酥、萝卜酥、叉烧酥、皮蛋酥、凤梨酥等。随着时代的发展，湘点师傅们用咸蛋黄制馅融合到酥皮中，创制出了湘式点心的代表作——蛋黄酥。

实训5 湘式五仁月饼

一、原料配备

坯料：面粉250g，温水125g，低筋面粉250g，猪油150g。

馅料：低筋面粉100g，绵白糖55g，糖渍猪板油丁250g（猪板油丁250g，白酒2g，绵白糖250g），熟核桃仁125g，熟松子仁50g，熟瓜子仁50g，杏仁50g，芝麻仁50g，柚子皮25g，青梅12.5g，糖桂花50g，金橘饼25g，红绿丝25g。

辅料：鸡蛋1个。

二、制作过程

1. **制馅：**猪板油丁切成0.5cm见方的小丁，加入白酒、绵白糖搅拌均匀，夏天室温放置1～2d或冬天在室温下放置3～5d制成糖渍猪板油丁备用；将熟核桃仁、柚子皮、青梅、金橘饼、红绿丝等切成小粒，加入糖渍猪板油丁、熟松子仁、熟瓜子仁、杏仁碎、芝麻仁、低筋面粉一起加入拌匀即百果馅，将百果馅分成40g/个。
2. **调制面坯：**低筋面粉过筛，放在案板上开窝，加入猪油125g，擦制成光洁的干油酥面坯；面粉过筛，放在案板上开窝，加入猪油25g、温水，揉匀揉透，调制成水油面坯，醒面。
3. **成形：**将水油面坯和干油酥面坯分别分成20个坯剂，将干油酥坯剂包入水油面坯剂中，按扁，擀成长方形，从外向里卷成圆筒形，一次三折，擀成坯皮，包入馅心，收拢成球状，收口朝下，再擀成圆形生坯。
4. **成熟：**将生坯逐个摆入烤盘内，表面刷上蛋液，烤箱温度上火160℃，下火160℃，烘烤15min，表面呈金黄色，取出装盘即可。

三、成品特点

色泽金黄，层层分明，皮层酥松，馅心香甜而不油腻，果仁味浓郁。

四、制作关键

1. 猪板油丁必须腌透，夏天室温放置1～2d，冬天室温放置3～5d，猪板油丁产生脂香味即可。核桃仁、金橘饼、青梅等加工成小粒，方便包制成形。

2．水油面坯与干油酥面坯的软硬度要一致。

3．收口要收紧，否则会漏馅。

五、评价标准

总得分

项次	项目及技术要求	单次配分	得分
1	器皿清洁干净，个人卫生达标	10	
2	口味香甜，绵软带酥，有多种果仁香味	20	
3	饼坯呈圆形，直径8cm，厚2cm，饼坯不破皮，不漏馅，边角分明	30	
4	成品边缘呈象牙色，中间金黄色，口感香脆酥松、果仁味浓郁	30	
5	卫生打扫干净，工具摆放整齐	10	

六、知识拓展

湘式五仁月饼是湘点传统糕点之一，其中的五仁选用核桃仁、杏仁、松子仁、瓜子仁、芝麻仁五种坚果，具有配料考究、皮薄馅多、味美可口、不易破碎、便于携带等特点。湘式五仁月饼的馅料除五仁外，还有红绿丝、柚子皮等。

实训6 衡阳酥薄月饼

一、原料配备

坯料：面粉125g，糖15g，温水65g，低筋面粉125g，猪油95g。

馅料：白芝麻450g，长沙乔饼450g，饴糖80g，玫瑰酱50g，桂花酱50g，绵白糖300g，猪油100g，熟糯米粉100g。

辅料：鸡蛋2个或糖水，白芝麻50g。

二、制作过程

1. **制馅：**白芝麻炒香碾碎成蓉，长沙乔饼切碎，加入绵白糖、玫瑰酱、桂花酱、饴糖、猪油100g、熟糯米粉擦匀擦透即成馅心。
2. **调制面坯：**低筋面粉过筛，放在案板上开窝，加入猪油65g，擦制成光洁的干油酥面坯；面粉过筛，放在案板上开窝，加入猪油30g、糖、温水，揉匀揉透，调制成水油面坯，醒面。
3. **成形：**将水调面坯、干油酥分别分成12个坯剂，分别将干油酥包入水油面内，然后封口，按扁，擀成长方形坯皮，卷成圆筒，再擀薄，折成方形坯剂，边缘擀薄备用。
4. **成熟：**逐个擀制成坯皮，包入馅心，包捏成球状，收口朝下，压扁，再擀成圆形生坯，表面刷上蛋液或糖水、粘上白芝麻，放入烤箱上火170℃，下火170℃，烘烤约20min，至饼面呈金黄色，出炉装盘。

三、成品特点

色泽金黄，形似圆月，层次分明，细致规则，酥脆可口，甜而不腻。

四、制作关键

1. 芝麻要用中小火慢慢翻炒，糯米粉需要用小火炒至呈浅黄色，有一股浓郁的米香，持久不散。
2. 水油面坯与干油酥面坯的软硬度要一致。
3. 收口要收紧，否则会漏馅。

五、评价标准

总得分

项次	项目及技术要求	单次配分	得分
1	器皿清洁干净，个人卫生达标	10	
2	口味香甜，甜而不腻，有浓郁的花香和芝麻香味	20	
3	饼坯呈圆形，直径8cm，厚1cm，饼坯不破皮，不漏馅，边角分明	30	
4	成品色泽金黄，口感香脆酥松，花香浓郁	30	
5	卫生打扫干净，工具摆放整齐	10	

六、知识拓展

衡阳酥薄月饼原名酥薄芝麻饼，又称太师饼、胡饼、宫饼、小饼、月团、荷叶、金花、芙蓉、月光饼、团圆饼等，经几百年社会变迁和技术的发展，逐步演变成当今的酥薄月饼。现今，酥薄月饼不只在中秋飘香，平时也作茶点食之，亲友间走动更以此作伴手礼互相赠之，作为衡阳地方特色名优产品远销全国各地。

实训7 萝卜丝酥饼

一、原料配备

坯料：面粉250g，酵母2.5g，白糖25g，温水125g，低筋面粉250g，猪油150g。

馅料：五花肉150g，白萝卜300g，大蒜25g，金钩30g，精盐25g，白糖10g，酱油5g，生抽10g，麻油15g，清水50g，味精5g，胡椒粉5g。

辅料：鸡蛋1个，黑芝麻50g。

二、制作过程

1. **制馅：**白萝卜洗净，切成细丝，用20g精盐拌匀腌制10min，漂洗后挤干水分，大蒜洗净，切成细丝，金钩用沸水浸泡，切成细粒，五花肉绞泥加精盐5g、白糖、酱油、生抽、清水搅打上劲，再加入萝卜丝、大蒜、金钩、麻油、味精、胡椒粉等拌匀成金钩萝卜馅，备用，将馅心分成30g/个。
2. **调制面坯：**低筋面粉过筛，放在案板上开窝，加入猪油125g，擦制成光洁的干油酥面坯，面粉过筛，放在案板上开窝，加入酵母、白糖、猪油25g、温水，揉匀揉透，调制成酵面面坯，醒面10min。
3. **成形：**将酵面面坯和干油酥面坯分成25个坯剂，将干油酥坯剂包入水油面坯剂内，按扁，擀成长方形，从外向里卷成圆筒形，一次三折，逐个擀成坯皮，包入馅心，收拢成球状，收口朝下，用手掌跟轻轻压薄，表面刷蛋液，粘上黑芝麻。
4. **成熟：**将生坯逐个摆入烤盘内，表面刷上蛋液，烤箱温度上火170℃，下火170℃，烘烤20min，表面呈金黄色，取出装盘即可。

三、成品特点

色泽金黄，外形饱满挺圆，外脆内柔软，层次分明，馅心清脆爽口。

四、制作关键

1. 白萝卜切成丝，加盐腌渍挤干水分，否则影响制品的形态。

2. 水油面坯与干油酥面坯的软硬度要一致。

3. 采用温水调制水油面坯，可破坏面坯中的部分面筋组织，提高制品的酥性。

4. 掌握好炉温，不宜过高或过低，防止制品出现焦煳或发硬不酥的现象。

五、评价标准

总得分

项次	项目及技术要求	单次配分	得分
1	器皿清洁干净，个人卫生达标	10	
2	馅心清脆爽口，味浓而不腻，皮馅比例1∶1	20	
3	成品呈半球形，直径8cm，厚5cm，重量60g	30	
4	色泽金黄，外脆内柔软，层次分明	30	
5	卫生打扫干净，工具摆放整齐	10	

六、知识拓展

萝卜丝酥饼是传统湘式名点，以新鲜五花肉为制作主料，以白萝卜丝、湘式特色食材金钩做馅搭配主料。在制作过程中，虽是荤素兼备，但用猪油较多，或不适宜体胖、中老年、动脉硬化的人群食用。

实训8 抹酥萝卜饼

一、原料配备

坯料：面粉300g，精盐2.5g，清水135g，猪油75g。

馅料：五花肉150g，白萝卜300g，大蒜25g，金钩30g，精盐25g，白糖10g，酱油5g，生抽10g，麻油15g，清水50g，味精5g，胡椒粉5g。

辅料：色拉油1000g。

二、制作过程

1. 制馅：白萝卜洗净，切成细丝，用20g精盐拌匀腌制10min，漂洗后挤干水分，大蒜洗净，切成细丝，金钩用沸水浸泡，切成细粒，五花肉绞泥加精盐5g、白糖、酱油、生抽、清水搅打上劲，再加入萝卜丝、大蒜、金钩、麻油、味精、胡椒粉等拌匀成金钩萝卜馅，分成30g/个，备用。
2. 调制面坯：250g面粉过筛，放在案板上开窝，加入精盐、清水、25g猪油调制成较软的面坯，醒面，后分成20个坯剂，搓成小条，表面刷油，再醒面，以增强其韧性，50g猪油加热至100℃，倒入50g面粉中，搅拌成猪油糊。
3. 成形：将坯剂按扁，擀制成长45cm、宽3cm坯皮，在坯皮上涂抹一层猪油糊，将馅心放在坯皮右端，用周围的坯皮将馅心包好，从右向左卷筒，边卷边将坯皮轻轻拉扯，直至卷完坯皮，将侧面朝上，醒放15min，再擀成直径约8cm圆饼坯备用。
4. 成熟：锅中放入色拉油加热至120℃，将生坯逐个放入，待生坯半浮起，将油温升至150℃，炸至体积膨胀、层次清晰、色泽金黄捞出，沥去余油，取出装盘即可。

三、成品特点

色泽淡黄，层层酥脆，馅心清脆爽口，鲜嫩多汁。

四、制作关键

1. 面坯要稍软，要反复醒面，以增加面坯的韧性。

2．擀坯皮时，不用撒面，可在案板上抹少量的油以防粘。
3．控制炸制火候和油温，油温过高，制品不酥脆、发硬。

五、评价标准

总得分

项次	项目及技术要求	单次配分	得分
1	器皿清洁干净，个人卫生达标	10	
2	馅心清脆爽口，味浓而不腻，金钩鲜味浓郁	20	
3	成品呈圆形，直径8cm，厚2cm，重量50g	30	
4	色泽淡黄，外脆内柔软，中间有螺旋纹	30	
5	卫生打扫干净，工具摆放整齐	10	

六、知识拓展

抹酥萝卜饼是湖南传统风味小吃，在大街小巷随处可见。抹酥萝卜饼的工艺与常见的油酥制品工艺不同，油心的比例猪油与面粉为1：1，油心更加柔软细腻，并用刷子抹在水油皮上。成品口感酥脆、不易破碎、方便携带。

任务三　半暗酥面坯类湘点制作

实训1　菊花酥

一、原料配备

坯料：面粉250g，冷水125g，低筋面粉250g，猪油150g。

馅料：豆沙馅400g。

辅料：鸡蛋1个。

二、制作过程

1．备料：豆沙馅分成20个，搓成20g/个球形备用。

2．调制面坯：低筋面粉过筛，放在案板上开窝，加入125g猪油，擦制成光洁的干油酥面坯；面粉过筛，放在案板上开窝，加入猪油25g、冷水，揉匀揉透，调制成水油面坯，醒面。

3．成形：将水油面坯和干油酥面坯分别分成20个坯剂，将干油酥面坯包入水油面坯中，擀成长方形，从外向里卷成圆筒形，一次三折，逐个擀成坯皮，包入豆沙馅，收拢成球状，收口朝下，擀成圆形饼坯，再用刀片均匀划切成16瓣，再将花瓣朝一个方向翻转（有馅心一面朝上），花心（中心部位）刷蛋黄液。

4．成熟：将生坯逐个摆入烤盘内，烤箱温度上火180℃，下火170℃，烘烤15min，菊花酥中心呈金黄色，取出装盘即可。

三、成品特点

饼皮中心色泽微黄，造型美观，花瓣饱满均匀，酥香甜润。

四、制作关键

1．水油面坯要稍软，否则不利于成形，并会影响制品口感。

2．饼坯不宜擀制过大、过薄，否则影响成品的形态。

3．切花瓣时，下刀要干脆、利落。

五、评价标准

总得分

项次	项目及技术要求	单次配分	得分
1	器皿清洁干净，个人卫生达标	10	
2	馅心口感香甜醇厚，豆香味浓郁，甜度适中，油润光泽	20	
3	造型美观，花瓣饱满，16瓣花瓣均匀一致	30	
4	饼皮中心色泽微黄，口感酥香，层次清晰	30	
5	卫生打扫干净，工具摆放整齐	10	

六、知识拓展

东晋诗人陶渊明有“采菊东篱下，悠然见南山”的名句，其爱菊之名，无人不晓，而菊花也逐渐成了超凡脱俗的隐逸者之象征。在我国古代神话传说中，菊花还被赋予了吉祥、长寿的含义，历代文人墨客爱菊者不乏其人。湘点师傅们经过创新研究制作出了形似菊花的“菊花酥”面点，象征着花开富贵，鸿运当头。

实训2 佛手酥

一、原料配备

坯料： 面粉250g，冷水125g，低筋面粉250g，猪油150g。

馅料： 豆沙馅400g。

辅料： 鸡蛋1个。

二、制作过程

1. **备料：** 豆沙馅分成20个，搓成20g/个球形备用。
2. **调制面坯：** 低筋面粉过筛，放在案板上开窝，加入猪油125g，擦制成光洁的干油酥面坯；面粉过筛，放在案板上开窝，加入猪油25g、冷水，揉匀揉透，调制成水油面坯，醒面。
3. **成形：** 将水油面和干油酥分别分成20个坯剂，将干油酥面坯包入水油面坯中，擀成长方形，从外向里卷成圆筒形，一次三折，逐个拍成坯皮，包入豆沙馅心，收拢成球状，收口朝下，搓成椭圆形生坯，再在其1/2处按扁，切出10根丝条，将其中六条向反面弯曲，贴在反面的手掌处，再将两边的一条叠在翻进的指头上面，粘牢，余下的两根伸直平放，即成佛手酥生坯。
4. **成熟：** 将生坯逐个摆入烤盘内，烤箱温度上火180℃，下火170℃，烘烤15min，表面金黄色，取出装盘即可。

三、成品特点

色泽金黄，造型美观，形似佛手果，酥松香甜。

四、制作关键

1. 水油面坯要稍软，否则不利于成形，并会影响制品口感。
2. 丝条粗细适宜、均匀，丝条折叠后，要将生坯稍微窝起，在中腰处用手捏细。
3. 蛋液要涂刷均匀，只在佛手酥“掌部”刷蛋液，“手指”不要刷蛋液，体现成品色彩层次感。

五、评价标准

总得分

项次	项目及技术要求	单次配分	得分
1	器皿清洁干净，个人卫生达标	10	
2	馅心口感香甜醇厚，豆香味浓郁，甜度适中，油润光泽	20	
3	造型美观，10指细丝均匀，成品40g/个，形似佛手果	30	
4	外表色泽金黄，口感酥香，层次清晰	30	
5	卫生打扫干净，工具摆放整齐	10	

六、知识拓展

佛手酥是湘式象形特色酥点之一，因其形如佛手果而得名。佛手寓意着好运的来临，有积极向上的寓意，而佛手与福手读音相似，也具有多福多寿的寓意。在湖南的酒席寿宴上，佛手酥常常作为宴席点心。

实训3 雏鸡酥

一、原料配备

坯料：面粉250g，冷水125g，低筋面粉250g，猪油150g。

馅料：豆沙馅400g。

辅料：鸡蛋1个，黑芝麻5g。

二、制作过程

1. **备料**：豆沙馅分成20个，搓成20g/个球形备用。
2. **调制面坯**：低筋面粉过筛，放在案板上开窝，加入猪油125g，擦制成光洁的干油酥面坯；面粉过筛，放在案板上开窝，加入猪油25g、冷水，揉匀揉透，调制成水油面坯，醒面。
3. **成形**：将水油面坯和干油酥面坯分别分成20个坯剂，将干油酥包入水油面中，擀成长方形，从外向里卷成圆筒形，一次三折，逐个拍成坯皮，包入豆沙馅心，包捏成球状，收口朝下，搓成一头大、一头小的圆葫芦形初坯，小头作鸡头，大头作鸡身和尾部，在小头尖端捏出鸡嘴，大头尾部捏出翘尖，再在鸡身前中部两边朝上各剪出翅膀，用手将翅膀、尾部捏薄，在头部两侧装上一粒黑芝麻作眼睛。
4. **成熟**：将生坯逐个摆入烤盘内，生坯表面刷上蛋黄液，烤箱温度上火180℃，下火170℃，烘烤15min，表面金黄色，取出装盘即可。

三、成品特点

外皮色泽金黄，造型美观，生动逼真，形似小鸡仔，酥松香甜。

四、制作关键

1. 水油面坯要稍软，否则不利于成形，并会影响制品口感。
2. 包馅后，收口要收紧，要朝下。
3. 注意头部与身体部位的比例，雏鸡头部为圆形。

五、评价标准

总得分

项次	项目及技术要求	单次配分	得分
1	器皿清洁干净，个人卫生达标	10	
2	馅心口感香甜醇厚，豆香味浓郁，甜度适中，油润光泽	20	
3	造型美观，头部圆润，头与身体比例1：1，成品40g/个，形似小鸡仔	30	
4	外表色泽金黄，口感酥香，层次清晰	30	
5	卫生打扫干净，工具摆放整齐	10	

六、知识拓展

雏鸡酥是湘式象形特色酥点之一，又称为小鸡酥。雏鸡寓意着新的生命，新的起点。雏鸡酥造型活泼可爱，不仅常常作为展台作品，还被作为小朋友的生日宴上的宴席点心。

实训4 荷花酥

一、原料配备

坯料：面粉250g，温水125g，低筋面粉250g，猪油150g。

馅料：莲蓉馅300g。

辅料：蛋清35g，白芝麻50g，色拉油1000g。

二、制作过程

1. **备料：**莲蓉馅分成20个，搓成15g/个圆球形备用。
2. **调制面坯：**低筋面粉过筛，放在案板上开窝，加入猪油125g，擦制成光洁的干油酥面坯；面粉过筛，放在案板上开窝，加入猪油25g、温水，揉匀揉透，调制成水油面坯，醒面。
3. **成形：**将水油面坯包入干油酥面坯中，收口向上，擀成长方形，两次四折，擀成0.8cm的厚长方形，用5cm直径的圆模子将酥皮刻成圆形酥皮，将酥皮边缘擀薄，四周涂上蛋清，中间放上馅心，将四周向中心拢起，收拢成球形，收口处抹上蛋清粘白芝麻向下放置，用美工刀片将球形表面平均划成6瓣，用手掌根将面坯下部略搓，使其酥层略外露即成生坯。
4. **成熟：**锅中加入色拉油加热至100℃，将生坯逐个放入，稍静置后逐渐升温至150℃，将生坯炸至花瓣展开，酥层清晰，色呈白色，取出装盘即可。

三、成品特点

色泽洁白，形似荷花，花瓣均匀，层次分明，酥松香甜。

四、制作关键

1. 水油面坯要稍硬，醒放时间要长些，要待面坯松劲、延伸性大时才能开酥。
2. 包馅后收口处要严实，褶缝尽可能细小，需抹蛋液粘合；否则，熟制时容易开裂漏馅。
3. 切割花瓣时一是深度要一致，以接近馅心但不漏馅为准。如果深浅不一，熟制后的花瓣的层次则有多有少，形态不周正；二是刀口长度达生坯的腰部，并要一致。如长度不够，熟制后花形显小，如果长过腰部则花瓣翻开过大，并容易脱落；更不能让刀口长短不一，否则花瓣不均匀，影响形态。

五、评价标准

总得分

项次	项目及技术要求	单次配分	得分
1	器皿清洁干净，个人卫生达标	10	
2	馅心口感香甜醇厚，莲香味浓郁，甜度适中，油润光泽	20	
3	造型美观，花瓣均匀一致，成品50g/个，形似荷花	30	
4	外表色泽洁白，口感酥香，层次清晰	30	
5	卫生打扫干净，工具摆放整齐	10	

六、知识拓展

荷花酥是湘式酥点的特色品种之一，属于水油面皮酥制品中的半暗酥制品。成形采用叠酥的起酥方法包馅成球形，分成6瓣，经炸制而成荷花形，具有形似荷花、酥层清晰、色泽洁白、口感酥香的特点，常用作宴席点心，或作为比赛、展台作品。

实训5 海棠酥

一、原料配备

坯料： 面粉250g，温水125g，低筋面粉250g，猪油150g。

馅料： 莲蓉馅300g。

辅料： 蛋清35g，红色果酱50g，色拉油1000g。

二、制作过程

1. **备料：** 莲蓉馅搓成10g/个圆球形备用。
2. **调制面坯：** 低筋面粉过筛，放在案板上开窝，加入猪油125g，擦制成光洁的干油酥面坯；面粉过筛，放在案板上开窝，加入猪油25g、温水，揉匀揉透，调制成水油面坯，醒面。
3. **成形：** 将干油酥包入水油面坯中，四周压紧，擀成长方形，两次四折，擀成长方形，用圆形印模刻出直径7cm圆形坯皮，涂上蛋清，放入馅心，左右手捏住圆皮边，分五等份，将每边捏合粘紧，先用小剪刀将上面修平，再将每边剪一刀，上面的酥带向中间压紧在一点，即成海棠酥生坯。
4. **成熟：** 锅中放入色拉油加热至100℃，将生坯逐个放入，稍静置后逐渐升温至150℃，将生坯炸成酥层清晰、色呈白色，取出装盘即可，在中心点挤上红色果酱作花心。

三、成品特点

色泽洁白，形如海棠花，酥层清晰，做工细致，酥脆香甜。

四、制作关键

1. 水油面坯要稍硬，醒放时间要长些，要待面坯松劲，延伸性大时才能开酥。
2. 切割花瓣时一是下刀要干脆利落，二是刀口长度要一致。
3. 蛋清涂抹要均匀，量不宜过多。
4. 注意油温的掌控，油量要高于成品。

五、评价标准

总得分

项次	项目及技术要求	单次配分	得分
1	器皿清洁干净，个人卫生达标	10	
2	馅心口感香甜醇厚，莲香味浓郁，甜度适中，油润光泽	20	
3	造型美观，花瓣五等份均匀一致，成品40g/个，形似海棠花	30	
4	外表色泽洁白，口感酥香，层次清晰	30	
5	卫生打扫干净，工具摆放整齐	10	

六、知识拓展

海棠酥是湘式花式酥点之一。苏轼诗《海棠》“东风袅袅泛崇光，香雾空蒙月转廊。只恐夜深花睡去，更烧高烛照红妆。”写出了海棠花优雅脱俗的气质。海棠酥造型美观逼真，常作为比赛作品和展台作品。

实训6 樱花酥

一、原料配备

坯料：面粉250g，温水125g，低筋面粉250g，猪油150g。

馅料：莲蓉馅200g。

辅料：蛋清35g，红色果酱20g，色拉油1000g。

二、制作过程

1. **备料：**将莲蓉馅分成10g/个备用。
2. **调制面坯：**低筋面粉过筛，放在案板上开窝，加入猪油125g，擦制成光洁的干油酥面坯；面粉过筛，放在案板上开窝，加入猪油25g、温水，揉匀揉透，调制成水油面坯，醒面。
3. **成形：**将干油酥包入水油面坯中，四周压紧，擀成长方形，两次四折，擀成长方形，用圆形印模刻出直径8cm圆形坯皮，皮涂上蛋清，放入馅心，左右手捏住圆皮边缘，将坯皮平均分成五等份，将每边捏合粘紧，用剪刀将每边剪三刀，每边上有三层酥带，每边上的第一层酥带向中间压紧在一点（如海棠酥），接着将每一边的第二层酥带与相邻边的第三层酥带尾部粘连，即成樱花酥生坯。
4. **成熟：**锅中放入色拉油加热至100℃，将生坯逐个放入，浸炸半浮后升温至150℃，炸至酥层清晰，即可捞出沥干油，中心挤入红色果酱，装盘即可。

三、成品特点

色泽洁白，形如樱花，造型逼真，层次清晰，酥松香脆。

四、制作关键

1. 水油面坯要稍硬，醒放时间要长些，要待面坯松劲、延伸性大时才能开酥。
2. 切割花瓣时一是下刀要干脆利落，二是刀口长度要一致。
3. 蛋清涂抹要均匀，量不要多。
4. 注意油温的掌控，油量要高于成品。

五、评价标准

总得分

项次	项目及技术要求	单次配分	得分
1	器皿清洁干净，个人卫生达标	10	
2	馅心口感绵密细腻，莲香味浓郁，甜度适中	20	
3	造型美观，花瓣五等份均匀一致，连接处自然粘连，成品40g/个，形似樱花	30	
4	外表色泽洁白，口感酥香，层次清晰	30	
5	卫生打扫干净，工具摆放整齐	10	

六、知识拓展

樱花酥是湘式花式酥点之一。樱花的寓意是纯洁、高尚和幸福。樱花酥的造型美观逼真，常作为烹饪技能比赛作品和展台作品。

任务四　明酥面坯类湘点制作

实训1　木纹酥

一、原料配备

坯料：面粉250g，温水100g，低筋面粉250g，猪油150g。

馅料：五花肉150g，白萝卜300g，大蒜25g，金钩30g，盐25g，白糖10g，酱油5g，生抽10g，麻油15g，清水50g，味精5g，胡椒粉5g。

辅料：色拉油1000g。

二、制作过程

1. 制馅：白萝卜洗净，切成细丝，用20g盐拌匀腌制10min，漂洗后挤干水分。大蒜洗净，切成细丝。金钩用沸水浸泡，切成细粒。五花肉绞泥加盐5g、白糖、酱油、生抽、清水搅打上劲，再加入萝卜丝、大蒜、金钩、麻油、味精、胡椒粉等拌匀成金钩萝卜馅，分成30g/个，备用。
2. 调制面坯：低筋面粉过筛，放在案板上开窝，加入猪油125g，擦制成光洁的干油酥面坯；面粉过筛，放在案板上开窝，加入猪油25g、温水，揉匀揉透，调制成水油面坯，醒面。
3. 成形：将干油酥面坯包入水油面坯中，用擀面杖将面坯向四周擀开成长方形，一次三折，再擀成长方形，由外向内卷成筒状，用刀直切成20段，将切下的一段顺长方向对剖，剖面向上，两头用手捏尖，折至反面，正面轻轻用手一按，用擀面杖擀成圆形，翻过来刷上蛋液包入馅心，将馅心放入皮坯正中间，采用拢上法收口后，收口朝下，底部刷蛋液粘芝麻，纹路向上。
4. 成熟：将色拉油加热至100℃，将生坯逐个放入，浸炸半浮后升温至150℃，炸至酥层清晰，色泽浅黄，取出装饰即可。

三、成品特点

色泽浅黄，层次清晰，酥层形似木头纹路，馅心鲜嫩多汁，皮酥松香脆。

四、制作关键

1. 水油面坯要醒发至松劲后才能开酥，醒发时间要根据季节、气温灵活掌握。
2. 开酥时，力度掌握要适当、均匀，否则酥层不均匀。
3. 炸制的油温、火候要控制好，特别是入锅时的油温要控制好，入锅油温过高，酥层不清晰；油温过低，容易变形、破碎。

五、评价标准

总得分

项次	项目及技术要求	单次配分	得分
1	器皿清洁干净，个人卫生达标	10	
2	馅心鲜嫩多汁，味浓而不腻，馅心与皮比例1∶1	20	
3	成品呈椭圆形，长径5cm，短径3cm，厚2cm，重量40g	30	
4	色泽浅黄，层次清晰，酥层形似木头纹路	30	
5	卫生打扫干净，工具摆放整齐	10	

六、知识拓展

木纹酥是湘点特色点心，特殊之处使用了当地原料——金钩和萝卜，属于水油面酥制品中的明酥——卷筒酥中的直酥，酥层呈木纹形态，口感酥松、馅嫩鲜美、回味悠长，既可作大众小吃，又可作宴席点心，还可作为比赛、展台的作品。

实训2 眉毛酥

一、原料配备

坯料：面粉250g，温水100g，低筋面粉250g，猪油150g。

馅料：豆沙馅300g。

辅料：蛋清35g，色拉油1000g。

二、制作过程

1．**制馅：**将馅心搓成20g/个的水滴形备用。

2．**调制面坯：**低筋面粉过筛，放在案板上开窝，加入猪油125g，擦制成光洁的干油酥面坯；面粉过筛，放在案板上开窝，加入猪油25g、温水，揉匀揉透，调制成水油面坯，醒面。

3．**成形：**将干油酥面坯包入水油面坯中，用擀面杖将面坯向四周擀开成长方形，一次三折，再擀成长方形，由外向内卷成筒状，切成20个坯剂，切口朝上（用湿布盖好），逐个擀成直径6cm的圆形坯皮，取面皮一张，中间放入馅心，边上折一小部分对折成半圆形，捏紧边缘锁绳边，注意眉毛是一对，两边要对称。生坯边缘涂上蛋清液。

4．**成熟：**锅中放入色拉油加热至100℃，将生坯逐个放入，浸炸半浮后升温至150℃，炸至酥层清晰，取出装盘即可。

三、成品特点

色泽洁白，形似眉毛，酥层清晰，绳边均匀美观，酥松香甜。

四、制作关键

1．水油面坯要醒发至松劲后才能开酥，醒发时间要根据季节、气温灵活掌握。

2．开酥时，力度掌握要适当、均匀，否则酥层不均匀。

3．按面皮时，稍微斜按，使中心点偏离，作眼睛。

4．炸制的油温、火候要控制好，特别是入锅时的油温要控制好，入锅油温过高，酥层不清晰；油温过低，容易变形、破碎。

五、评价标准

总得分

项次	项目及技术要求	单次配分	得分
1	器皿清洁干净，个人卫生达标	10	
2	馅心口味香甜，豆香味浓郁	20	
3	饼坯月牙形，长8cm，宽4cm，厚2cm，饼坯不破皮，不漏馅，边角分明，形似眉毛	30	
4	酥层清晰，绳边均匀美观，酥松香甜	30	
5	卫生打扫干净，工具摆放整齐	10	

六、知识拓展

眉毛酥是一道湘式传统名点，其外表的酥皮或洁白如雪或淡黄微焦，酥纹清晰，绳边完整，入口酥而香脆，油而不腻。眉毛酥是圆酥经典品种，工艺复杂。

实训3 圆酥盒

一、原料配备

坯料：面粉250g，温水100g，低筋面粉250g，猪油150g。

馅料：莲蓉馅375g。

辅料：蛋清35g，色拉油1000g。

二、制作过程

1. **备料：**将馅心分成15个，搓成25g/个球形备用。
2. **调制面坯：**低筋面粉过筛，放在案板上开窝，加入猪油125g，擦制成光洁的干油酥面坯；面粉过筛，放在案板上开窝，加入猪油25g、温水，揉匀揉透，调制成水油面坯，醒面。
3. **成形：**将干油酥面坯包入水油面坯中，面坯向四周擀开成长方形，一次三折，再擀成长方形，由外向内卷成筒状，切成15个略大、15个略小的坯剂，切口朝上，用湿布盖好。取大小各一个坯剂（清晰面朝上），分别轻轻按扁，擀成直径5cm和3cm的圆皮，左手托住大的坯皮，上馅后将小的坯皮盖在上面，将上下坯皮边捏紧捏薄，用扭捏法锁出绳边。生坯边缘涂抹蛋清液。
4. **成熟：**锅中放入色拉油加热至100℃，将生坯逐个放入，浸炸半浮后升温至150℃，炸至酥层清晰，取出装盘即可。

三、成品特点

形似盒状，色泽浅黄，酥层清晰，绳边均匀美观，酥松香甜。

四、制作关键

1. 水油面坯要醒发至松劲后才能开酥。醒发时间要根据季节、气温灵活掌握。
2. 开酥时，力度掌握要适当、均匀，否则酥层不均匀。
3. 面盖坯皮要小于底部坯皮，否则形状呈饼状而非盒状。
4. 炸制的油温、火候要控制好，特别是入锅时的油温要控制好，入锅油温过高，酥层不清晰；油温过低，容易变形、破碎。

五、评价标准

总得分

项次	项目及技术要求	单次配分	得分
1	器皿清洁干净，个人卫生达标	10	
2	馅心口感香甜醇厚，莲香味浓郁，甜度适中，油润光泽	20	
3	形似盒状，上盖直径5cm，下盖3cm，成品重量50g/个	30	
4	色泽浅黄，酥层清晰，绳边均匀美观，酥松香甜	30	
5	卫生打扫干净，工具摆放整齐	10	

六、知识拓展

圆酥盒是湘点传统名点之一，属于水油面皮酥制品中的明酥制品，采用卷筒酥中圆酥的起酥方法，用两块圆坯剂中间包馅（馅心选用湘莲制作而成）制作成圆盒状，在边缘锁绳边，经炸制而成，具有形似圆盒状，酥层清晰、色泽淡黄、口感酥香的特点。圆酥盒常作为街头大众化的小吃，也可作宴席点心，或作为参加比赛、展台作品。

实训4 苹果酥

一、原料配备

坯料：低筋面粉250g，面粉350g，温水125g，猪油150g，抹茶粉10g，可可粉10g，清水50g。

馅料：豆沙馅300g。

辅料：蛋清35g，白芝麻50g，色拉油1000g。

二、制作过程

1．备料：豆沙馅分成15个，搓成20g/个球形备用。可可粉10g、面粉100g、清水50g，揉匀揉透，调成光滑面坯，搓成苹果梗放入150℃油锅中炸制浮起备用。

2．**调制面坯：**低筋面粉250g，猪油125g，擦制成光洁的干油酥面坯；面粉250g、抹茶粉10g拌匀过筛，放在案板上开窝，加入猪油25g，温水，揉匀揉透，调制成水油面坯，醒面。

3．**成形：**将干油酥面坯包入水油面中，面坯向四周擀开成长方形，一次三折，再擀成长方形，由外向内卷成筒状，切成15个坯剂，切口朝上，用湿布盖好，取坯剂擀成直径7cm圆皮，左手托住坯皮，在内部刷上蛋清液，放入馅心，慢慢收拢，底部刷蛋清液粘白芝麻，中间部位用工具按一小窝。

4．**成熟：**锅中放入色拉油加热至100℃，将生坯逐个放入，浸炸半浮后升温至150℃，炸至酥层清晰，捞出沥干油，中间插入苹果梗，取出装盘即可。

三、成品特点

色泽浅绿，形似苹果，酥层清晰，呈螺旋纹，外皮酥脆香甜，馅心口感香甜醇厚。

四、制作关键

1．水油面坯要醒放至松劲后才能开酥。醒放时间要根据季节、气温灵活掌握。

2．开酥时，力度掌握要适当、均匀，否则酥层不均匀。

3．炸制时油温、火候要控制好，入锅油温过高，酥层不清晰；油温过低，容易变形、破碎。

五、评价标准

总得分

项次	项目及技术要求	单次配分	得分
1	器皿清洁干净，个人卫生达标	10	
2	馅心口感香甜醇厚，豆香味浓郁，甜度适中，油润光泽	20	
3	造型美观，形似苹果，成品40g/个	30	
4	色泽浅绿，酥层清晰，呈螺旋纹	30	
5	卫生打扫干净，工具摆放整齐	10	

六、知识拓展

苹果酥是一道湘式创新酥点，成品色泽青绿、酥层均匀清晰、口感酥脆。苹果酥寓意着平平安安，舒心如意。苹果酥的造型美观逼真，常作为烹饪技能比赛作品和展台作品。

实训5 枇杷酥

一、原料配备

坯料：面粉350g，猪油150g，温水175g，低筋面粉250g，可可粉10g。

馅料：莲蓉馅300g。

辅料：蛋清35g，黑芝麻50g，色拉油1000g。

二、制作过程

1. **制馅**：将莲蓉馅分成15g/个，共20个搓成圆形备用。
2. **备料**：可可粉10g、面粉100g、温水50g调成光滑面坯，搓成小枝干的形状，放入150℃油锅中炸制浮起备用。
3. **调制面坯**：低筋面粉过筛，放在案板上开窝，加入猪油125g，擦制成光洁的干油酥面坯；面粉250g过筛，放在案板上开窝，加入猪油25g、温水125g，揉匀揉透，调制成水油面坯，醒面。
4. **成形**：将水油面坯擀成与干油酥面坯一样宽，两倍长的坯皮，酥心放在水油皮的一端，将另一半面皮盖于其上，将上下水油皮的边捏拢后封好口，擀成长方形，二次四折、擀成厚0.5cm的长方形，撒少许干粉，将长方形生坯改刀成宽5cm的长方形面皮，在面皮上刷薄薄的一层蛋清，互相叠在一起，压紧后入冰箱冻硬。取出后用刀沿截面斜批成薄片，沿着纹路擀开，切成长方形，皮坯刷蛋清，包上馅心，卷成圆形，顶部收紧刷蛋清，粘上黑芝麻；将另一端收口，刷上蛋清。
5. **成熟**：锅中放入色拉油加温至100℃，将生坯逐个放入，浸炸半浮后升温至150℃，炸至酥层清晰，捞出沥干油，插入小枝干，取出装盘即可。

三、成品特点

色呈浅黄，形似枇杷，酥层清晰，酥松香脆，馅心油润充盈，咸甜适口。

四、制作关键

1. 水油面坯要醒发至松劲后才能开酥，醒发时间要根据季节、气温灵活掌握。

2. 开酥时，力度掌握要适当，否则酥层不均匀。

3. 炸制时油温、火候要控制好，入锅油温过高，酥层不清晰；油温过低，容易变形、破碎。

五、评价标准

总得分

项次	项目及技术要求	单次配分	得分
1	器皿清洁干净，个人卫生达标	10	
2	馅心油润充盈，咸甜适口	20	
3	形如圆球形，似枇杷，成品重量30g/个，皮薄馅多	30	
4	色呈浅黄，酥层清晰，酥松香脆	30	
5	卫生打扫干净，工具摆放整齐	10	

六、知识拓展

枇杷酥作为第三届“一带一路”国际合作高峰论坛国宴点心，深受大家的喜爱。其成品外形金黄，有硕果累累之意，寓意着家庭团圆美满，常作为烹饪技能比赛作品、展台作品和宴席点心。

实训6 莲藕酥

一、原料配备

坯料：面粉250g，猪油150g，温水100g，低筋面粉250g。

馅料：莲蓉馅300g。

辅料：蛋清35g，海苔5片，色拉油1000g。

二、制作过程

1. **备料：**莲蓉馅分成15个，搓成20g/个圆锥形备用。
2. **调制面坯：**低筋面粉过筛，放在案板上开窝，加入猪油125g，擦制成光洁的干油酥面坯；面粉过筛，放在案板上开窝，加入猪油25g、温水，揉匀揉透，调制成水油面坯，醒面。
3. **成形：**水油面坯擀成与干油酥面坯一样宽，两倍长的坯皮，将酥心放在水油皮的一端，将另一半面皮盖于其上，将上下水油皮的边捏拢后封好口，擀成长方形，二次四折，擀成厚0.5cm的长方形。撒少许干粉，将长方形生坯改刀成宽7cm的长方形面皮，在面皮上刷一层薄薄的蛋清，互相叠在一起，压紧后入冰箱冻硬。取出后用刀沿截面斜批成薄片，沿着纹路擀开，切成长方形，在坯皮上面涂上蛋清，包上馅心，卷紧，底部朝下，在中间部分用刮板压制，海苔剪成丝，涂蛋清粘在生坯中间部位。
4. **成熟：**锅中放入色拉油加热至100℃，将生坯逐个放入，浸炸半浮后升温至150℃，炸至酥层清晰，色泽洁白，外表酥脆，取出装盘即可。

三、成品特点

色泽洁白，形似莲藕，酥层清晰，酥松香脆，馅心软嫩香甜。

四、制作关键

1. 水油面坯要醒发至松劲后才能开酥。醒发时间要根据季节、气温灵活掌握。
2. 开酥时，力度掌握要适当、均匀，否则酥层不均匀。

3. 炸制的油温、火候要控制好，特别是入锅时的油温要控制好，入锅油温过高，酥层不清晰；油温过低，容易变形、破碎。

五、评价标准

总得分

项次	项目及技术要求	单次配分	得分
1	器皿清洁干净，个人卫生达标	10	
2	馅心口感香甜醇厚，莲香味浓郁，甜度适中，油润光泽	20	
3	造型美观，形似莲藕，成品40g/个	30	
4	色泽洁白，酥层清晰，呈直纹，酥松香脆	30	
5	卫生打扫干净，工具摆放整齐	10	

六、知识拓展

莲藕酥是一道属于排丝酥的湘式创新酥点。莲藕寓意着夫妻和睦、佳偶天成、多子多福、财源广进。莲藕酥的造型美观逼真，常作为烹饪技能比赛作品和展台作品。

实训7 金鱼酥

一、原料配备

坯料： 面粉250g，猪油150g，温水100g，低筋面粉250g。

馅料： 莲蓉馅300g。

辅料： 蛋清35g，面粉50g，竹炭粉10g，水25g，色拉油1000g。

二、制作过程

1. **备料：** 莲蓉馅分成20个，搓成15g/个圆形备用。
2. **调制面坯：** 低筋面粉过筛，放在案板上开窝，加入猪油125g，擦制成光洁的干油酥面坯；面粉250g过筛，放在案板上开窝，加入猪油25g、温水，揉匀揉透，调制成水油面坯，醒面；面粉50g、竹炭粉、水调制黑色面团。
3. **成形：** 将水油面坯擀成与干油酥面坯一样宽，两倍长的坯皮，将酥心放在水油皮的一端，将另一半面皮盖于其上，将上下水油皮的边捏拢后封好口，擀成长方形，二次四折，擀成厚0.5cm的长方形。撒少许干粉，将长方形生坯改刀成宽7cm的长方形面皮，在面皮上刷薄薄的一层蛋清，互相叠在一起，压紧后入冰箱冻硬。酥皮冻硬后取出，用刀沿截面斜批成薄片，沿着纹路擀开，切成长方形，擀薄后在坯皮的前1/2面涂上蛋清，包上馅心，卷紧，头部与尾巴交接处要收紧，嘴巴处慢慢收拢涂少许蛋清，用本色面搓直径0.4cm的小圆球作眼睛，用黑色面搓直径0.4cm的小圆球作眼珠，眼珠轻轻按压平整，底部朝下，捏成金鱼生坯。
4. **成熟：** 将色拉油加热至100℃，逐个下入生坯，先让其浸炸至半浮，升温至150℃，再炸至酥层清晰，色泽洁白，外表酥脆，取出装盘即可。

三、成品特点

形似金鱼，色呈洁白，酥层清晰，酥脆香甜。

四、制作关键

1. 水油面坯要醒发至松劲后才能开酥。醒发时间要根据季节、气温灵活掌握。

2. 开酥时，力度掌握要适当、均匀，否则酥层不均匀，成形时头部与尾巴比例要协调。
3. 炸制的油温、火候要控制好，特别是入锅时的油温要控制好，入锅油温过高，酥层不清晰；油温过低，容易变形、破碎。

五、评价标准

总得分

项次	项目及技术要求	单次配分	得分
1	器皿清洁干净，个人卫生达标	10	
2	馅心口感香甜醇厚，莲香味浓郁，甜度适中，油润光泽	20	
3	头部与尾巴比例1∶1，形似金鱼，成品30g/个	30	
4	色泽洁白，酥层清晰，呈直纹，酥松香脆	30	
5	卫生打扫干净，工具摆放整齐	10	

六、知识拓展

金鱼酥酥层分明、馅心咸香，是一道属于排丝酥的湘式创新酥点。成品的造型美观逼真，常作为烹饪技能比赛作品和展台作品。

实训8 蜜枣酥

一、原料配备

坯料：面粉250g，猪油150g，可可粉20g，温水100g，低筋面粉250g。

馅料：枣泥馅400g。

辅料：蛋清35g，色拉油1000g。

二、制作过程

1. **备料：**枣泥馅分成20个，搓成20g/个圆球形备用。
2. **调制面坯：**低筋面粉过筛，放在案板上开窝，加入猪油125g，擦制成光洁的干油酥面坯，面粉过筛，放在案板上开窝，加入猪油25g、温水、可可粉，揉匀揉透，调制成水油面坯，醒面。
3. **成形：**将水油面坯擀成与干油酥面坯一样宽，两倍长的坯皮，将酥心放在水油皮的一端，将另一半面皮盖于其上，将上下水油皮的边捏拢后封好口，擀成长方形，二次四折，擀成厚0.5cm的长方形，撒少许干粉，将长方形生坯改刀成宽5cm的长方形面皮，在面皮上刷薄薄的一层蛋清，互相叠在一起，压紧后入冰箱冻硬。酥皮冻硬后取出，用刀沿截面斜批成薄片，沿着纹路擀开，切成长方形，在坯皮上涂上蛋清，包上馅心，卷成椭圆形，顶部收紧刷蛋清，将另一端收口，刷上蛋清。
4. **成熟：**将色拉油加热至100℃，逐个下入生坯，先让其浸炸至半浮，升温至150℃，再炸至酥层清晰，取出装盘即可。

三、成品特点

色呈棕红，形似蜜枣，酥层清晰，酥脆香甜，馅心枣香味浓。

四、制作关键

1. 水油面坯要醒发至松劲后才能开酥，醒发时间要根据季节、气温灵活掌握。
2. 开酥时，力度掌握要适当、均匀，否则酥层不均匀。

3. 炸制的油温、火候要控制好，特别是入锅时的油温要控制好，入锅油温过高，酥层不清晰；油温过低，容易变形、破碎。

五、评价标准

总得分

项次	项目及技术要求	单次配分	得分
1	器皿清洁干净，个人卫生达标	10	
2	馅心口感香甜醇厚，枣香味浓郁，绵软细腻	20	
3	造型美观，形似蜜枣，成品30g/个	30	
4	色泽棕红，酥层清晰，呈直纹，酥松香脆	30	
5	卫生打扫干净，工具摆放整齐	10	

六、知识拓展

蜜枣酥是2014年亚太经合组织工商领导人峰会上的国宴点心，也是一道属于排丝酥的湘式创新酥点，深受外国友人的喜爱，常作为烹饪技能比赛作品、展台作品和宴席点心。

模块五

米制品类湘点制作

模块导读

通过本模块的学习，熟悉米制品制作的基本知识和分类，并通过实际训练掌握其中具有代表性的湖南米制品的制作方法，如原料配备、制作过程和制作关键等操作技能。了解湖南米制品制作的一般规律，具备运用所学知识解决实际问题的能力。

学习目标

1. 掌握米制品制作的基本知识。
2. 掌握米制品的分类。
3. 掌握米制品的制作过程及操作关键。
4. 具备爱岗敬业的职业精神、吃苦耐劳的劳动精神和精益求精的工匠精神。
5. 增强职业岗位所具备的卫生意识、规范意识和原料精用的节约意识。
6. 热爱湖湘饮食文化，强化文化自信。

项目一

米制品概述

任务一　米制品概念及分类

一、米制品概念

米制品是指以米为主要原料，以油、糖、肉类、果品等为辅料和馅料，经特殊加工制作而成的面点。

二、米制品分类

湖南作为盛产稻米的地区，用米制作的食品占有很大的比重，主要分为米粒类制品、米团类制品（湖南俗称“粑”）和米糕类制品三种。

（一）米粒类制品

米粒类制品是以糯米或粳米加水泡软后，加其他辅料制作而成的产品。因为直接用米粒，一般在成熟前，不能成团。成熟后成团性也有差别，有的黏性很强可形成团状，有的较为松散，如社饭、汨罗牛角粽、酱油拌饭等。

（二）米团类制品

米团类制品是以糯米粉或籼米粉按比例掺和后加水调制，再进行一系列上馅、成形、成熟等工艺制作而成的产品。如蒿子粑粑、艾叶米果、糖油粑粑、葱油粑粑等。

（三）米糕类制品

米糕类制品简称糕类，是指以糯米粉或粳米粉按比例掺和后加入适量的水或糖（糖浆、糖汁）拌和，再进行一系列上馅、成形、成熟等工艺制作而成的产品。如藕粉桂花糕、米发糕等。

任务二　米制品调制方法和要点

一、米粒类制品调制方法和要点

（一）米粒类制品调制方法

将米粒洗净泡软，加入各类辅料，通过不同的加热方法制作成以整粒米为主的制品。

（二）米粒类制品调制要点

（1）根据米粒类制品需要来掌握浸泡时间。
（2）米粒类制品熟制时间较长。

二、米团类制品调制方法和要点

（一）米团类制品调制方法

1. 煮芡法

取出一半的米粉加入清水调制成粉团，压成饼形，投入到热水中煮成“熟芡”，取出后与余下的一半粉料揉成光滑、均匀的粉团。

2. 泡心法

将米粉倒入盆中，中间扒一坑，用适量热水将中间部分的粉烫熟；再将四周的干粉与熟粉心子一起揉和，再加入少量冷水揉成光滑、均匀的粉团。

（二）米团类制品调制要点

1. 煮芡法

在熟芡制作时，必须等水沸后才可投入“饼”，否则易沉底散破；再次水沸时须点水，抑制水的沸腾，使“饼”漂浮在水面上3～5min即成。

2. 泡心法

掺水量一定要正确，如沸水少了，面坯容易裂口；沸水多了，面坯粘手易变形。沸水应加入在前，冷水加入在后。

三、米糕类制品调制方法和要点

（一）米糕类制品调制方法

将米粉按一定比例拌和在一起，加入清水，视成品要求加入白糖，抄拌成粉粒，静置一段时间，然后进行过筛即成糕粉，先蒸制成熟，再揉按成团即可。

（二）米糕类制品调制要点

（1）严格按照配比和流程进行制作。

（2）蒸熟的米粉必须趁热揉按成团，再改刀成形。

项目二
米制品类湘点制品实训

任务一　米粒类湘点制作

实训1 社饭

一、原料配备

主料：糯米300g，粳米100g。

辅料：熟腊肉150g，艾蒿200g，大蒜50g，葱花20g，盐5g，味精5g，茶油10g。

二、制作过程

1. **备料：**将熟腊肉改刀后切成小丁；大蒜去皮剁碎；将艾蒿择去老根，洗净焯水挤干水分剁碎后，入锅用茶油炒至艾蒿去除苦水备用。
2. **拌制：**粳米先放入沸水锅中稍煮片刻捞出，滤去米汤，糯米用水浸泡滤去水分后与粳米混合一起，放入腊肉丁、艾蒿、蒜末、盐、味精拌匀。
3. **成熟：**将拌制好的社饭放入蒸笼内，上汽后旺火足汽蒸30min，取出撒葱花装盘即可。

三、成品特点

蒿味馨香，腊味浓郁，米饭油而不腻。

四、制作关键

1．原料处理过程中，艾蒿剁碎后需炒制去除涩味。

2．糯米需提前用水浸泡，粳米先放入沸水中稍煮捞出。

五、评价标准

总得分

项次	项目及技术要求	分值设置	得分
1	器皿清洁干净，个人卫生达标	10	
2	辅料颜色搭配恰当，脂光泽润	20	
3	蒿香、饭香、肉香、菜香，香味浓郁	30	
4	米饭口感软糯，油而不腻	30	
5	卫生打扫干净，工具摆放整齐	10	

六、知识拓展

社饭自古有之，是湖南土家族、苗族、侗族等少数民族祭祀社稷的一种食品。吃社饭的节日，主要在社日（即立春后第五个戊日）进行，民间习惯称为“过社”“拦社”等。湘西北一带过社节非常隆重，有赛歌、唱社戏等文化活动，多由寨上乡民“凑份子”办会，搞得红红火火，在社场聚众烹食，大碗酒大片肉尽吃尽喝，真有点“桑柘影斜春社散，家家扶得醉人归”的味道。

“过社”受历代先民“崇拜自然、崇拜祖先”的原始、质朴的自然观和道德观影响，显得虔诚、隆重，凸显出该民族崇祖孝亲、关爱自然、睦邻善处的人文特征。

实训2 酱油拌饭

一、原料配备

主料：粳米200g。

辅料：酱油10g，盐3g，猪油5g，葱花5g。

二、制作过程

1. **备料：**将粳米洗净提前浸泡2h，捞出沥干水分放入蒸笼内，旺火足汽蒸20min。
2. **拌制：**将蒸制好的米饭取出，取猪油放在米饭上，待猪油融化后加入酱油、盐拌匀。
3. **装盘：**将拌制好的米饭盛入碗中，撒上葱花即可。

三、成品特点

米粒油亮饱满，酱香浓郁。

四、制作关键

1. 米饭需隔水蒸，确保粒粒分明。
2. 猪油和酱油需趁热加入米饭中。

五、评价标准

总得分

项次	项目及技术要求	分值设置	得分
1	器皿清洁干净，个人卫生达标	10	
2	米饭粒粒分明不粘连	30	
3	色泽油亮，呈棕褐色	20	
4	酱香浓郁，甘香有嚼劲	30	
5	卫生打扫干净，工具摆放整齐	10	

六、知识拓展

相传清末大书法家何绍基是湖南道县人，官拜翰林院编修、四川学政。他离京赴四川时回道县省亲，途径湘潭，县令设宴为他洗尘。他久闻湘潭酱油的大名，闲聊中提及，县令立即要人送上一碟。何绍基在碗中热饭上浇下数滴酱油，顿觉浓香扑鼻，一试之下，更是啧啧称奇，竟置满桌珍馐于不顾，只吃酱油拌饭，转眼间已吃数碗。自此以后，他天天要吃湘潭酱油拌饭，曾题咏：“三餐人永寿，一滴味无穷。”

实训3 绿豆粥

一、原料配备

主料：粳米400g，糯米100g，冷水5000g。

辅料：绿豆100g。

二、制作过程

1. 备料：将粳米和糯米淘洗干净；绿豆放入锅中，加水煮至六成熟备用。
2. 成熟：锅内加水烧开，把米和绿豆倒入锅中用勺子搅拌，待水再次翻腾时改用中小火熬制，盖上锅盖，留半盖使粥不致溢出锅外；其间适当地用勺子推动几次，待米粒熬至稍膨胀，改小火熬制米粒全开，绿豆熟烂，取出装碗即可。

三、成品特点

入口绵稠，豆香四溢。

四、制作关键

1. 绿豆要提前煮至六成熟。
2. 绿豆煮好后下米，待米粒煮至稍膨胀改小火熬至米粒全开。
3. 煮制过程中要用勺子经常搅动，防止煳锅。
4. 熬粥时水要一次加足，中途不能加冷水，否则影响粥的质量。

五、评价标准

总得分

项次	项目及技术要求	分值设置	得分
1	器皿清洁干净，个人卫生达标	10	
2	主、辅料搭配合理	20	
3	口感绵稠	30	
4	味纯正，无异味	30	
5	卫生打扫干净，工具摆放整齐	10	

六、知识拓展

绿豆，在祖国医学中有“清热解暑、降燥祛火”的功效，适合在夏天烹粥或煮水食用。

实训4 汨罗牛角粽

一、原料配备

主料：糯米1000g。

辅料：粽叶500g，食用碱5g。

二、制作过程

1. **备料**：糯米淘洗沥干，加食用碱搅拌均匀；粽叶清洗干净，剪去粗蒂，并放入热水中煮软备用。
2. **成形**：取粽叶2～3张，相叠做成圆锥状，用手将圆锥筒旋转变细变紧。在锥筒中加入糯米50g，把粽叶的两侧分别向内，顺势把粽叶向下折好，直到完全盖住糯米为止，多余粽叶折收，用草绳缠紧扎实。
3. **成熟**：大锅内加入清水，旺火烧开后，放入粽子生坯，中火煮制2～3h，取出装盘即可。

三、成品特点

色泽淡黄，晶莹透亮，入口软糯，黏韧碱香。

四、制作关键

1. 糯米提前淘洗干净。
2. 粽叶需清洗干净，用热水煮软。
3. 掌握粽子包制手法，一定要捆绑结实，否则会影响成品质量。

五、评价标准

总得分

项次	项目及技术要求	分值设置	得分
1	器皿清洁干净，个人卫生达标	10	
2	色泽淡黄	20	
3	包制呈牛角状，不漏馅，大小一致	30	
4	味道软糯，呈碱香味	30	
5	卫生打扫干净，工具摆放整齐	10	

六、知识拓展

粽子又称“角黍”“筒粽”，是端午节的节日食品，由粽叶包裹糯米蒸制而成。湖南汨罗牛角粽历史悠久，它外形呈牛角形，米粒加食用碱呈棕黄色。东晋范柱《祠制》说：“仲夏荐角黍。”据唐沈亚之《屈原外传》记载，屈原投江后，人们非常思念他，每到五月初五，就用竹筒装上食物，投向水中祭祀。粽子是人们纪念屈原的祭祀食品，后来又成为端午节最主要的节日食品。2009年9月，联合国教科文组织保护非物质文化遗产政府间委员会审议并批准了中国“端午节”列入《人类非物质文化遗产代表作名录》，“汨罗江畔端午习俗”名列其中。2013年4月，“粽子制作技艺”被汨罗市人民政府公布列入“第二批市级非物质文化遗产代表作名录”。

实训5 红豆蜜枣粽

一、原料配备

主料：糯米1000g。

馅料：红豆200g，蜜枣200g。

辅料：粽叶500g，食用碱5g。

二、制作过程

1. 备料：糯米淘洗沥干，加食用碱和红豆搅拌均匀；粽叶清洗干净，剪去粗蒂，并用热水煮软备用。
2. 成形：取粽叶2～3张，相叠折成斗状，先放入糯米50g，中间加入一颗蜜枣，再盖上糯米50g，将粽叶弯折包严裹成斧头形，用草绳缠紧扎实。
3. 成熟：大锅内加入清水，旺火烧开后，放入粽子生坯，中火煮2～3h，取出装盘即可。

三、成品特点

形如斧形，入口软糯，口味香甜。

四、制作关键

1. 粽叶需清洗干净，用热水煮软。
2. 掌握斧头形粽子包制手法，一定要捆绑结实，否则会影响成品质量。

五、评价标准

总得分

项次	项目及技术要求	分值设置	得分
1	器皿清洁干净，个人卫生达标	10	
2	色泽淡黄	20	
3	包制呈斧头状，不漏馅，大小一致	30	
4	香甜软糯，甜而不腻	30	
5	卫生打扫干净，工具摆放整齐	10	

六、知识拓展

端午节，为每年仲夏，农历五月初五，相传始于中国的春秋战国时期，至今已有2000多年历史。端午节与春节、清明节、中秋节并称为中国民间的四大传统节日。2009年9月，联合国教科文组织正式审议并批准中国端午节列入世界非物质文化遗产，成为中国首个入选世界非遗的节日。端午节吃粽子，是中国人民的传统习俗。“粽”字本作“糉”。最早记载见于东汉许慎的《说文解字》：“糉，芦叶裹米也。”《荆楚岁时记》有云：“夏至节日，食粽。”粽子在用料、口味上有着很多不同，其中包了蜜枣的枣粽因其谐音“早中”，而广受人们欢迎。

实训6 蛋黄鲜肉粽

一、原料配备

主料： 糯米1000g。

馅料： 五花肉200g，咸蛋黄20个，盐3g，老抽10g，生抽10g，味精2g，胡椒粉5g。

辅料： 粽叶500g，食用碱5g，盐5g，生抽10g。

二、制作过程

1. **备料：** 五花肉切成小条，放入盆内加盐、老抽、生抽、味精、胡椒粉拌匀，腌制备用；糯米淘洗沥干，加食用碱、盐、生抽搅拌均匀；粽叶清洗干净，剪去粗蒂，用热水煮软，放清水中备用。
2. **成形：** 取粽叶2～3张，相叠折成斗状，先放入糯米50g，中间放入肉条和一颗咸蛋黄，再盖上糯米50g，将粽叶弯折包严裹成斧头形，用草绳缠紧扎实。
3. **成熟：** 步骤参照汨罗牛角粽。

三、成品特点

色泽棕红，形如斧形，入口软糯，咸鲜味美。

四、制作关键

1. 五花肉需提前腌制入味。
2. 掌握斧头形粽子包制手法，一定要捆绑结实，否则会影响成品质量。

五、评价标准

总得分

项次	项目及技术要求	分值设置	得分
1	器皿清洁干净，个人卫生达标	10	
2	色泽棕红，馅料搭配合理	20	
3	包制呈斧头状，不漏馅，大小一致	30	
4	入口软糯，咸鲜味美	30	
5	卫生打扫干净，工具摆放整齐	10	

六、知识拓展

每年五月初五，中国百姓家家都有浸糯米、洗粽叶、包粽子、吃粽子的风俗。粽子根据口味来分，主要包括甜粽和咸粽两大类。以甜味为主的为甜粽，主要以蜜枣、豆沙等为馅料，有的还加入了白糖、红糖，北方地区吃的比较多。以咸鲜为主的为咸粽，主要以咸蛋黄、腌制或烹制过的肉等为馅料，南方地区吃的比较多。蛋黄鲜肉粽就是最典型的咸粽代表，采用精选的粽叶和糯米，包入腌制过的猪肉条和一颗完整的咸蛋黄，咸淡合适，米粒油润，饱满微弹，入口软糯，咸鲜味美。

实训7 荷叶糯米鸡

一、原料配备

主料：糯米1000g。

馅料：鸡胸肉300g，香菇100g，鲜笋100g，盐5g，味精3g，酱油5g，生抽5g，葱5g，姜10g，料酒5g，水淀粉10g。

辅料：干荷叶20张，菜籽油50g，猪油40g。

二、制作过程

1. 备料：将糯米洗净泡软，放入蒸笼蒸制约40min；锅内水烧开，将干荷叶洗净放入热水中煮软，煮软捞出凉凉备用；将鸡胸肉洗净切成1cm大小的丁；将姜洗净切成末、葱洗净切成葱花；鲜笋、香菇洗净切成0.5cm大小的丁；将切好的鸡胸肉用盐、酱油、生抽、料酒腌渍，并抓拌均匀。
2. 制馅：将净锅置旺火上，倒入菜籽油，下姜末、笋丁、香菇丁炒香，再放入鸡丁煸炒至断生，加盐、味精、酱油、生抽，调味调色，加入水淀粉勾芡，旺火收汁，最后加入葱花，出锅即可。
3. 成形：将蒸好的糯米加入猪油搅拌均匀；将煮软的荷叶铺在案板上，放入糯米饭团铺平，加入馅料，再盖上糯米饭团，包成方形。
4. 成熟：生坯放入蒸笼内蒸15min，取出装盘即可。

三、成品特点

饭粒黏韧，鲜香味美，具有荷叶清香。

四、制作关键

1. 蒸糯米饭时控制好加水量，米饭不宜蒸得过软。
2. 制馅时注意各原料的比例，勾芡汁时注意浓稠度。
3. 包制成形时一定要将荷叶和饭团包捏紧，否则成品易散开。

五、评价标准

总得分

项次	项目及技术要求	分值设置	得分
1	器皿清洁干净，个人卫生达标	10	
2	饭粒黏韧，油亮	20	
3	成品外形呈方形，大小一致	30	
4	香糯爽滑，鲜味四溢	30	
5	卫生打扫干净，工具摆放整齐	10	

六、知识拓展

荷叶糯米鸡是由荷叶包裹而成，荷叶的香气也会在制作的过程中散发出来。糯米养胃健脾，鸡肉能补充蛋白质，让营养更均衡。

任务二　米团类湘点制作

实训1　糖油粑粑

一、原料配备

坯料：糯米粉200g，清水150g。

辅料：色拉油100g，黄片糖100g。

二、制作过程

1．**调制粉坯**：将糯米粉倒入碗中，加入清水，边加边用筷子搅拌均匀至大块棉絮状，倒在案板上揉成光滑的粉坯，醒置半个小时备用。

2．**成形**：将粉坯搓成长条，下剂30g/个，逐一搓圆按扁。

3．**成熟**：将净锅置火上，倒入色拉油，将生坯放入锅内，小火慢煎，煎制过程中，不停抖动锅子，用锅铲或者筷子翻面，且不要煎太久，以免膨胀爆裂，煎制表面微黄即可出锅待用；接着将黄片糖加水倒入锅内，全程不断搅拌，待黄片糖全部溶化，熬至糖液呈黏稠状态，再将煎好的粑粑放入，小火慢熬使其入味，熬至表面栗黄即可出锅装盘。

三、成品特点

色泽栗黄，外脆内糯，甜而不浓，油而不腻。

四、制作关键

1．粑粑成形过程中如果表面较干、开裂，可以在手掌心抹上少许清水搓制。

2．注意煎制时火候和时间的控制，且煎制过程要不停地搅拌，防止粉坯粘连。

3．熬糖过程中注意火候的控制，观察熬糖的状态。

五、评价标准

总得分

项次	项目及技术要求	分值设置	得分
1	器皿清洁干净，个人卫生达标	10	
2	色泽栗黄，油亮	20	
3	粑粑大小均匀一致	30	
4	口感外脆内糯，甜而不腻	30	
5	卫生打扫干净，工具摆放整齐	10	

六、知识拓展

“粑粑”是南方人对揉搓出各种形状的米制食物的统称。在湖南，任何一种冠之以“粑粑”的米食都让人备感亲切，糖油粑粑是其中最亲民的一种，也是最出名的一种。作为能代表长沙“出战”、在中国传统小吃界占据“顶流”的米制美食，糖油粑粑是从沸油中“脱胎换骨”而来的，通常是用糯米粉和水调和成坯，揉搓成汤圆大小的团子，再放入融化黄片糖（或红糖）的油锅中煎制或者炸制而成。

实训2 蒿子粑粑

一、原料配备

坯料：糯米粉500g，艾蒿500g，热水120g，白糖100g。

辅料：色拉油50g。

二、制作过程

1. **备料**：艾蒿去粗根洗净焯水，捞起放入冷水中冷却，挤干水分，剁成碎末备用。
2. **调制粉坯**：取1/3糯米粉，用热水调制成团，加入剩余糯米粉、白糖及艾蒿末调制成软硬适中的糯米粉坯。
3. **成形**：将粉坯搓成长条，下剂40g/个，置于刷过油的面板上，按压成厚薄均匀的饼状。
4. **成熟**：平底锅内刷少许色拉油，放入饼坯，煎至两面金黄，出锅装盘即可。

三、成品特点

清香甘甜，软糯适口，蒿香浓郁。

四、制作关键

1. 艾蒿焯水时注意开水下锅，焯水的时间不宜过长，否则叶片泛黄，影响成品色泽。
2. 调制糯米粉坯时要注意加水量，加水时要考虑到艾蒿也含有一定量的水分。
3. 熟制时要勤翻动饼坯，防止粘连及焦煳。

五、评价标准

总得分

项次	项目及技术要求	分值设置	得分
1	器皿清洁干净，个人卫生达标	10	
2	色泽呈青绿色	20	
3	形如圆饼状，大小一致	30	
4	口感软糯适口，蒿香浓郁	30	
5	卫生打扫干净，工具摆放整齐	10	

六、知识拓展

每年3月初至清明前后正是“粑粑”的原料植物艾蒿（又称蒿子）旺盛生长、鲜嫩味美的时候，这种仅存于春天里的原料，在面点师的巧手中得到重塑，他们将蒿草的特殊香味与软糯的团子结合制成蒿子粑粑，细细品尝，清香味游走于舌尖，令人流连忘返。在湖南，蒿子粑粑不仅满足了人们的口腹之欲，同时也是清明节祭祀祖先的传统食品。

实训3 姊妹团子

一、原料配备

主料：糯米粉200g，籼米粉140g，热水270g。

馅料：五花肉200g，北流糖30g，糖桂花5g，红枣100g，水发香菇10g，酱油3g，生抽3g，味精5g，盐2g，猪油15g，清水适量。

二、制作过程

1. **备料：**将水发香菇去蒂洗净剁碎；将五花肉洗净剁成肉泥；将红枣去核洗净，剁成枣泥备用。
2. **制馅：**将五花肉泥盛入碗内加盐、清水搅打上劲后，加入香菇、酱油、生抽、味精搅拌均匀，即成肉馅。锅内水烧开，将剁好的枣泥盛入碗内放入蒸笼，旺火足汽蒸制1h后取出；炒锅烧热加熟猪油，待猪油融化，再倒入北流糖、糖桂花，拌炒均匀，出锅盛入盆内即成糖馅。
3. **调制粉坯：**将糯米粉和籼米粉混合均匀倒入碗内，将热水倒入米粉中，边倒边用筷子搅拌，再将烫好的粉坯倒在案板上，揉匀揉透至无生粉粒，醒置10min。
4. **成形：**将粉坯搓成长条，下剂15g/个，逐个搓圆，用手指在中间捏成窝眼，分别放入糖馅和肉馅，捏拢收口，糖馅的捏成圆形，肉馅的捏成尖角形，以便区别。
5. **成熟：**将模具放入蒸笼内，模具内刷油，再将制作好的生坯逐个放入模具内，旺火足汽蒸10min，取出装盘即可。

三、成品特点

色泽洁白，柔软滑爽，尖圆分明，糖馅香甜，肉馅鲜嫩。

四、制作关键

1. 炒糖馅时要用小火慢炒，旺火易煳锅底。
2. 肉馅加水要适量，加水要分次加入，边加边朝一个方向搅打。
3. 粉坯须趁热揉匀揉透至无生粉粒。
4. 成形过程中，注意糖馅成圆形，肉馅成尖角形，以便区别。

五、评价标准

总得分

项次	项目及技术要求	分值设置	得分
1	器皿清洁干净，个人卫生达标	10	
2	色泽洁白	20	
3	尖圆分明，大小一致	30	
4	柔软滑爽，糖馅香甜，肉馅鲜嫩	30	
5	卫生打扫干净，工具摆放整齐	10	

六、知识拓展

姊妹团子，是湖南省地方特色小吃。20世纪20年代初，在长沙火宫殿的坪场，年轻漂亮的姜氏姐妹租得铺棚一间开设团子店。两人心灵手巧，专门制作甜咸两味的团子，故名“姊妹团子”。

实训4 黑芝麻汤圆

一、原料配备

坯料： 糯米粉300g，清水230g。

馅料： 白糖300g，黑芝麻100g，面粉50g，猪油30g。

辅料： 干桂花5g。

二、制作过程

1. **制馅：** 将黑芝麻下锅炒香后倒入搅拌机内，再依次加入猪油、面粉、白糖绞碎成芝麻糖馅备用。
2. **调制粉坯：** 将糯米粉倒入碗内，加清水，边倒水边用筷子搅拌，搅拌至大块棉絮状，倒在案板上，揉匀揉透至无生粉粒；取1/3粉坯煮熟芡，再与剩余粉坯揉匀揉透，醒置30min。
3. **成形：** 将粉坯搓成长条，下剂30g/个，取一个剂子搓圆按扁，用手指捏挖一个窝眼，放入芝麻糖馅10g，左手托皮，右手虎口将周边面皮拢向中间并收口，再搓圆。
4. **成熟：** 锅内水烧开，将汤圆生坯沿锅边放入，全程不断用勺子搅拌，待到汤圆浮至表面，点三次冷水，最后连汤舀入小碗内，上面撒些干桂花即可。

三、成品特点

色泽洁白，爽滑软糯，麻香甜润。

四、制作关键

1. 调制粉坯时，需先煮芡。
2. 剂子下好后需用布或保鲜膜盖好，防止粉坯干、硬、开裂。
3. 汤圆煮制过程中，水沸时，适时点水，保持水面沸而不腾。

五、评价标准

总得分

项次	项目及技术要求	分值设置	得分
1	器皿清洁干净，个人卫生达标	10	
2	色泽洁白	20	
3	外观呈圆球形，大小一致，无破皮漏馅	30	
4	口感爽滑软糯，麻香甜润	30	
5	卫生打扫干净，工具摆放整齐	10	

六、知识拓展

黑芝麻汤圆是湖南地区的一道传统点心，色泽洁白，爽滑软糯，深受人们喜爱。汤圆在制作中因加入不同的馅料，其营养含量也各不相同，但大多以糯米粉为皮，不宜消化，因而不宜多食。

实训5 青团

一、原料配备

坯料：艾蒿 250g，糯米粉 250g，澄粉50g，食用碱5g，清水200g。

馅料：豆沙馅300g。

辅料：色拉油50g。

二、制作过程

1．**备料：**将艾蒿去根茎洗净待用；锅内加水烧开，艾蒿焯水沥干，放入榨汁机加清水榨出青汁；将榨好的青汁用纱布过滤后倒入锅内加食用碱烧开备用。

2．**调制粉坯：**将糯米粉和澄粉混合均匀倒入碗内，青汁趁热倒入米粉中，边倒边用筷子搅拌，案板上抹上少许色拉油，将烫好的粉坯倒在案板上，揉匀揉透至无生粉粒，醒面10min。

3．**成形：**将粉坯搓成粗细均匀的长条，下剂30g/个，取一个剂子，搓圆并按扁，用手指捏挖一个窝眼，再将15g豆沙馅搓成圆球形放入粉坯正中心，左手托皮，右手虎口将周边面皮拢向中间并收紧，最后搓圆即成青团生坯。

4．**成熟：**将油纸裁成边长为5cm左右的正方形，整齐放入蒸锅内，将搓好的青团逐个放在油纸正中心，并在青团的表面涂上一层色拉油，上汽后旺火蒸制8min后关火，趁热再刷上一层色拉油，取出装盘即可。

三、成品特点

油绿如玉，糯韧绵软，清香甘甜。

四、制作关键

1．新鲜的艾蒿需焯水去涩味。

2．包馅不能用力过大，否则豆沙馅会与粉坯揉烂混合在一起。

3．搓好的青团需涂上一层油，轻轻放在蒸锅的油纸上，以避免粘连。

4．注意蒸制时间不能过长，否则青团容易软塌。

五、评价标准

总得分

项次	项目及技术要求	分值设置	得分
1	器皿清洁干净，个人卫生达标	10	
2	色泽翠绿，油亮	20	
3	外观呈球状，大小一致	30	
4	口感糯韧绵软，清香甘甜	30	
5	卫生打扫干净，工具摆放整齐	10	

六、知识拓展

青团是湖湘地区的一道传统点心，始于唐代，至今已有1000多年的历史。每逢清明家家户户都要蒸青团用作祭祀，而现在它作为祭祀品的功能已日益淡化，而成了一道时令性很强的小吃。现在制作青团的方法：用艾蒿的汁拌进糯米粉里，再包入豆沙馅或者莲蓉，不甜不腻，带有清淡却悠长的青草香气。

实训6 麻球

一、原料配备

坯料：糯米粉300g，绵白糖50g，水200g，泡打粉5g。

馅料：豆沙馅120g。

辅料：白芝麻60g，色拉油1000g。

二、制作过程

1. **调制粉坯**：将糯米粉和泡打粉混合均匀过筛后，开窝，加水、绵白糖搅拌均匀至大块棉絮状，揉匀揉透后醒面30min备用。
2. **成形**：将粉坯搓成粗细均匀的长条，下剂40g/个，取一个剂子，搓圆并按扁，用拇指、食指在中间捏出一个窝眼，再将15g豆沙馅搓成圆球形放入粉坯正中心，左手托皮，右手虎口将周边面皮拢向中间并收紧，最后搓圆滚上白芝麻即成麻球生坯。
3. **成熟**：锅中倒入色拉油，将油温升至三成热，放入生坯，见成品上浮，逐步加温，边炸边用漏勺按压生坯，炸至表面金黄，取出装盘即可。

三、成品特点

形似球状，色泽金黄，外脆内糯。

四、制作关键

1. 包馅时四周粉坯厚薄一致，否则薄的地方在炸制过程中容易漏馅。
2. 滚粘芝麻的过程中要两手配合团紧，防止炸制过程中芝麻散落。
3. 炸制时油温不能太高，要逐步加温，成品才能涨发。

五、评价标准

总得分

项次	项目及技术要求	分值设置	得分
1	器皿清洁干净，个人卫生达标	10	
2	色泽金黄	20	
3	形如球状，大小一致	30	
4	口感外脆内糯，麻香浓郁	30	
5	卫生打扫干净，工具摆放整齐	10	

六、知识拓展

麻球是湖南地区常见的早餐主食，主要制作材料是糯米、白糖和芝麻，有些会有莲蓉、豆沙等馅料，适个人口味而定。但由于糯米黏滞、难消化，所以一定要注意适量食用。

实训7 葱油粑粑

一、原料配备

坯料：籼米粉200g，糯米粉40g，冷水300g。

辅料：酵母2g，白糖15g，泡打粉3g，胡椒粉2g，食盐3g，色拉油1000g，葱花20g。

二、制作过程

1. 调制米浆：将籼米粉和糯米粉混合均匀倒入碗内，再加入酵母、白糖，冷水搅拌均匀至黏稠状，盖上保鲜膜密封发酵30min后，再依次加入胡椒粉、食盐、色拉油20g、葱花进行调味，最后再加入泡打粉并顺着一个方向搅拌均匀即成葱油粑粑的米浆。
2. 成熟：将醒发好的米浆倒入直径为9cm的铁勺模具中，在油温为180℃的恒温油炸锅中油炸。脱模后，炸至两面金黄，捞出沥油装盘即可。

三、成品特点

色泽金黄，香脆酥软，葱香浓郁。

四、制作关键

1. 米浆不宜过稀或过稠，水不要一次加完，分次加入。
2. 米浆醒发时间要适宜，醒发不足，粑粑不酥脆；醒发过度，粑粑容易吸油。
3. 炸制时要控制好火候和油温，油温过高，制品不酥脆；油温过低，制品吸油。

五、评价标准

总得分

项次	项目及技术要求	分值设置	得分
1	器皿清洁干净，个人卫生达标	10	
2	色泽金黄	20	
3	形状饱满，膨松，大小一致	30	
4	口感外脆里嫩，葱香味浓郁	30	
5	卫生打扫干净，工具摆放整齐	10	

六、知识拓展

葱油粑粑也称葱油米饼，是湖南传统的湘点小吃，属于典型的油炸膨化米制品。炸葱油粑粑有专用的模具，该模具是铁质的，圆形带柄，中间有一根短小铁棍，炸出来的葱油粑粑中间就有一个圆孔，把米浆倒入模具，填平，放入高温中油炸，待粑粑与模具分离浮出油面，翻面炸制金黄色，捞出沥干油分即可，成品具有香、脆、酥、软等特点。

实训8 炎陵艾叶米果

一、原料配备

坯料：艾蒿250g，糯米粉250g，澄粉50g，白砂糖50g，食用碱5g，清水200g，猪油20g。

馅料：鲜笋200g，腊肉200g，大蒜20g，盐3g，酱油3g，生抽5g，味精3g。

辅料：色拉油50g。

二、制作过程

1. **备料：**将鲜笋洗净切丁；将煮熟后的腊肉洗净切丁；将大蒜去皮后剁碎；将艾蒿去根茎洗净待用；锅内加清水烧开，艾蒿焯水沥干，放入榨汁机加水榨出青汁；将榨好的青汁用纱布过滤后倒入锅内加食用碱烧开备用。
2. **制馅：**将净锅置于火上，锅内加色拉油烧热，放入腊肉粒翻炒至出油，再加入鲜笋、蒜末炒熟后加入盐、酱油、生抽、味精调色调味搅拌均匀制成馅心备用。
3. **调制粉坯：**将糯米粉和澄粉混合均匀倒入碗内，青汁趁热倒入米粉中，边倒边用筷子搅拌，案板上抹上少许猪油，将烫好的粉坯倒在案板上，揉匀揉透至无生粉粒，醒面10min。
4. **成形：**将粉坯搓成粗细均匀的长条，下剂30g/个，取一个剂子，搓圆并按扁，用擀面杖擀制成直径为8cm左右的饺子皮形状，包上馅心20g，封边后捏成锁绳边即成艾叶米果生坯。
5. **成熟：**将米果的表面涂上一层色拉油整齐摆放在蒸锅内，上汽后旺火蒸制8min后关火，趁热再刷上一层色拉油，取出装盘即可。

三、成品特点

色泽翠绿，艾香扑鼻，甜糯适口。

四、制作关键

1. 新鲜的艾叶需焯水去涩味。
2. 包馅不能用力过大，否则馅心与粉坯会被揉烂混合在一起。
3. 注意锁绳边捏制的手法，“一靠二按三搓”。

五、评价标准

总得分

项次	项目及技术要求	分值设置	得分
1	器皿清洁干净，个人卫生达标	10	
2	色泽翠绿，油亮	20	
3	米果大小一致，锁绳边均匀	30	
4	口感软糯，艾香味浓郁	30	
5	卫生打扫干净，工具摆放整齐	10	

六、知识拓展

艾叶米果又名清明米果，是株洲炎陵当地客家传统美食。据说客家人是中原南迁的汉人，南迁定居，但由于当地没有麦粉，转而使用米粉模仿饺子制作出艾叶米果，这是客家人思念故土、缅怀先祖的中原情结。

任务三　米糕类湘点制作

实训1 藕粉桂花糕

一、原料配备

坯料：藕粉60g，糯米粉100g，牛奶150g，绵白糖20g。

辅料：糖桂花30g，色拉油50g。

二、制作过程

1．**调制粉浆：**将藕粉、糯米粉、牛奶、绵白糖倒入碗内，搅拌均匀至黏稠状备用。

2．**成熟：**模具内刷色拉油，将调匀的藕粉糊倒入，盖上保鲜膜，表面可以戳几个小洞，接着放入上汽的蒸锅，旺火足汽蒸制30min后，取出放凉脱模切成菱形状进行装盘，最后在表面倒入糖桂花进行点缀即可。

三、成品特点

色泽奶白，软糯香甜，桂香味浓。

四、制作关键

1．如模具底部放一张油纸比刷一层油更容易脱模。

2．切块时，刀两面都要沾水，否则会有毛茬，影响成品质量。

五、评价标准

总得分

项次	项目及技术要求	分值设置	得分
1	器皿清洁干净，个人卫生达标	10	
2	色泽呈奶白色	20	
3	大小一致	30	
4	口感软糯，桂香味浓	30	
5	卫生打扫干净，工具摆放整齐	10	

六、知识拓展

藕粉桂花糕是湖南地区的一道精致点心，蕴以藕粉的甜和桂花的香，成品柔软香糯、晶莹剔透。

实训2 米发糕

一、原料配备

坯料：籼米500g，白糖100g，酵母5g，甜酒酿10g，冷水500g。

辅料：纸杯10个，黑芝麻10g。

二、制作过程

1. **调制米浆**：籼米洗净浸泡至米粒松涨，捞出放搅拌机内加冷水磨成米浆。
2. **醒发**：米浆内加入酵母、甜酒酿、白糖拌匀，倒入纸杯内，撒上黑芝麻，放置在35℃的醒发箱醒发4h。
3. **成熟**：将醒发好的米浆放入蒸笼内，旺火足汽蒸制30min，取出装盘即可。

三、成品特点

色白暄软，口味香甜，酒香味浓。

四、制作关键

1. 注意米的浸泡时间，泡至米粒松涨为宜。
2. 掌握发酵程度，见粉浆升涨，有无数小泡冒起，搅拌时有气泡破裂的“喳喳”声，并伴有微酸味及酒香味即可；也可取一点浆料放入小碟内，上蒸笼试蒸熟，如试蒸品洁白松软即可蒸制。

五、评价标准

总得分

项次	项目及技术要求	分值设置	得分
1	器皿清洁干净，个人卫生达标	10	
2	色泽洁白	20	
3	膨松，大小一致	30	
4	口感松软，酒香味浓	30	
5	卫生打扫干净，工具摆放整齐	10	

六、知识拓展

米发糕，是湖南先民稻作文化饮食遗风的传承。湖南一向以“饭稻羹鱼之乡”著称，长沙在清代以前曾是中国四大米市之一。三国时期魏文帝曹丕曾指出：“江表唯长沙名有好米，何得比新成粳稻邪？上风炊之，香闻十里。”

米发糕，是早期的以米为原料的传统名湘点的代表，是稻作米食文化的活化石。因“发糕”为“福高”之谐音，寓“年年发、步步高”之吉祥涵义，湖湘地区逢年过节家家户户必蒸制米发糕，用作点心或馈赠亲友。

模块六

杂粮及其他粉团类湘点制作

模块导读

通过本模块的学习，明晰杂粮及其他粉团制品制作的基本原理和方法，并通过实际训练掌握其中具有代表性湖南杂粮及其他粉团制品的制作方法，如粉团调制、馅心调制、生坯成形、生坯熟制和美化工艺等操作技能。了解杂粮及其他粉团制品的一般规律，具备运用所学知识解决实际问题的能力。

学习目标

1. 掌握杂粮及其他粉团制作的基本知识。
2. 掌握杂粮及其他粉团的分类。
3. 掌握杂粮及其他粉团制作的制作过程及操作关键。
4. 具备爱岗敬业的职业精神、吃苦耐劳的劳动精神和精益求精的工匠精神。
5. 增强职业岗位所具备的卫生意识、规范意识和原料精用的节约意识。
6. 热爱湖湘饮食文化，强化文化自信。

项目一

杂粮及其他粉团概述

任务一　杂粮及其他粉团概念及分类

一、杂粮及其他粉团概念

杂粮及其他粉团是指除面粉、米粉所调制的各种面坯外，使用其他粉料调制而成的面坯。

二、杂粮及其他粉团分类

根据使用的原料不同，杂粮及其他粉团可分为：杂粮粉面坯、澄粉面坯、薯类面坯、豆类面坯和糖浆皮面坯等。

（一）杂粮粉面坯

杂粮粉面坯是指将玉米、高粱、小米等主要原料，经加工碾磨成粉，加入水或掺面粉加水调制而成的面坯。杂粮粉面坯有其特殊的营养和风味，种类很多，可做成各种面点，如北方的黄米炸糕、高粱团、玉米发糕、小米煎饼等。

（二）澄粉面坯

澄粉面坯是用面粉经过特殊加工得到的纯淀粉，即小麦淀粉，用沸水烫熟后揉制形成的面坯，称为澄粉面坯。澄粉面坯的成品，色泽洁白呈半透明，细腻柔软，口感嫩滑，常用于制作精细点心，如虾饺皮、娥姐粉果、粉果饺子等。

（三）薯类面坯

薯类面坯是以含淀粉较多的甘薯为主要原料干制成粉后调制而成的面坯。其熟制成品松软香嫩，具有原料本身特有的味道，如白薯饺、红薯玫瑰糕等。薯类面坯可制作各类糕、团、包、饺、饼等，也可代替面粉制作蛋糕等各种点心。

（四）豆类面坯

豆类面坯是指将各种豆类磨成粉（或将豆类煮烂去壳取其泥、蓉等），适当加入其他辅料调制而成的面坯。常用的豆类有黄豆、绿豆、红豆、豌豆、蚕豆等。豆类大多数可直接加工成粉，也有先整粒煮烂，再粉碎成团蓉状，如豌豆黄。黄豆面与糯米粉等配合可做豆面糕、艾窝窝及金丝杂面等。豆类面坯带有特殊的香味，无筋性，黏性差，往往采用特殊的加工方法或加入其他配料进行调制。

（五）糖浆皮面坯

糖浆皮面坯是指将糖浆或饴糖、面粉、油、枧水等主要原料调制而成的面坯，具有适度的弹性、良好的可塑性，用于制作一些特色点心，如广式月饼、北京小吃糖耳朵、松子枣泥饼等。

任务二　杂粮及其他粉团调制方法和要点

一、杂粮粉面坯调制方法

直接用杂粮粉加热水调制或将杂粮粉与面粉、豆粉、米粉等掺和再调制。

二、澄粉面坯调制方法

将冷水放入锅中烧沸，加入澄粉迅速搅拌均匀，离火后加盖闷制5min，然后倒在抹有菜籽油的案板上，揉成光滑的粉团。

三、薯类粉团调制方法

将薯类原料去皮蒸熟，捣成蓉状，趁热加入添加料（面粉、米粉、糖、油等），揉搓均匀即可。

四、豆类粉团调制方法

将豆类原料直接加工成粉状或先整粒煮烂，再粉碎成团蓉状，配以其他粉料调制而成。

五、糖浆皮粉团调制方法

将转化糖浆、面粉、油、枧水等原料混合，通过折叠的手法调制而成。

项目二

杂粮及其他粉团类湘点制品实训

任务一　杂粮粉团类湘点制作

实训1　杂粮饼

一、原料配备

坯料：杂粮粉250g，面粉150g，酵母4g，白糖40g，温水200g。

辅料：菜籽油200g。

二、制作过程

1. **调制面坯：**杂粮粉与面粉混合过筛，放在案板上开窝，加入酵母、白糖、温水，揉匀揉透，醒面。
2. **醒发：**将粉坯搓成长条，下剂50g/个，按扁呈圆饼状，置于醒板上摆放整齐，放入醒发箱中醒发20min。
3. **成熟：**锅内放菜籽油烧热再倒出，将生坯逐个放入，烙至两面棕黄，取出装盘即可。

三、成品特点

色泽棕黄，焦香酥脆。

四、制作关键

1. 粉坯软硬适宜，揉匀醒透，揉至表面光滑为宜。
2. 烙制时注意火候的控制，烙至两面棕黄即可。

五、评价标准

总得分

项次	项目及技术要求	单次配分	得分
1	器皿清洁干净，个人卫生达标	10	
2	色泽棕黄	20	
3	形如圆饼状，大小一致	30	
4	口感外酥内嫩，无异味	30	
5	卫生打扫干净，工具摆放整齐	10	

六、知识拓展

随着社会的发展，人们越来越注重饮食健康，原生态五谷杂粮非常受人们欢迎。杂粮饼是以五谷杂粮为原料制成，是中华传统小吃。其口感香糯、味美，富含人体必需的多种蛋白质、氨基酸、膳食纤维和矿物质等，具有健脾养胃、促进消化的功能。

实训2 窝窝头

一、原料配备

坯料：玉米粉500g，糯米粉200g，粟粉100g，澄粉50g，冷水300g，白糖200g，炼乳100g，吉士粉30g。

辅料：猪油30g。

二、制作过程

1. 调制面坯：锅内倒冷水，加入白糖煮沸，加入玉米粉、糯米粉、粟粉、澄粉拌匀；案板上抹上猪油，将烫好的粉坯倒在案板上加炼乳、吉士粉揉匀揉透。
2. 成形：将粉坯搓成长条，下剂30g/个，取一个剂子放在左手掌内，搓成一头尖一头圆的锥形生坯，右手食指沾上水，在坯底中间挖一个窝眼，食指与拇指里外捏住，从下向尖转动，捏成边厚0.3cm的内空窝，即成上尖下宽的锥形生坯。
3. 成熟：将生坯放入蒸笼内，旺火足汽蒸制10min，取出装盘即可。

三、成品特点

色泽鲜黄，形如锥状，上尖下圆，底有小洞，甜香绕舌，口感略有柔韧且沙绵。

四、制作关键

1. 注意原料的配比。
2. 掌握成形手法。

五、评价标准

总得分

项次	项目及技术要求	单次配分	得分
1	器皿清洁干净，卫生达标	10	
2	色泽鲜黄	20	
3	形如锥状，上尖下圆，底有小洞	30	
4	甜香绕舌，口感略有柔韧且沙绵	30	
5	卫生打扫干净，工具摆放整齐	10	

六、知识拓展

窝窝头是传统面食，过去是穷苦人家的食品，如今已经是一种绿色、美味、营养、健康的美食，因粗粮对身体健康很有好处，因此广受消费者的喜爱。传统窝窝头一般是指玉米窝窝头，现在市面上还有黑米窝窝头、高粱窝窝头、红薯窝窝头、绿豆窝窝头、糯米窝窝头等，基本上都是采用五谷杂粮为基本材料，经特殊配方加工而成，一改传统窝窝头生硬、干涩的口味。

任务二　其他粉团类湘点制作

实训1　红薯煎饼

一、原料配备

坯料：红薯100g，糯米粉500g，白糖250g，冷水250g，盐10g，猪油50g。

辅料：色拉油50g。

二、制作过程

1. **调制面坯：**红薯去皮，切片蒸熟，趁热倒入盆中压碎、搅拌成薯泥，加入糯米粉、白糖、盐、冷水搅拌均匀成粉团，加猪油揉擦成薯粉坯。
2. **成形：**将粉坯搓成长条，下剂30g/个，搓圆按扁成直径约10cm圆饼，即成薯饼坯。
3. **成熟：**平底锅内放色拉油烧热，薯饼坯逐个放入，煎至底面棕黄色，翻边再煎，煎至两面棕黄焦香，取出装盘即可。

三、成品特点

色泽金黄，焦香甘甜，外脆内糯。

四、制作关键

1. 注意准确称料。
2. 注意煎制火候，防止饼面焦煳。

五、评价标准

总得分

项次	项目及技术要求	单次配分	得分
1	器皿清洁干净，个人卫生达标	10	
2	色泽棕黄	20	
3	形状圆润似饼状	30	
4	焦香甘甜，外脆内糯	30	
5	卫生打扫干净，工具摆放整齐	10	

六、知识拓展

红薯煎饼是一道传统的中国美食，以红薯为主要原料制作而成。口感酥脆可口，外层金黄酥脆，内部软糯十足，既可以当作早餐食用，也可以作为下午茶点心或者小吃。红薯，作为一种营养丰富的块茎类作物，含有丰富的维生素、膳食纤维和抗氧化物质，尤其是维生素C和β-胡萝卜素含量较高，对于促进消化、增强免疫力和预防疾病具有重要作用，被人们广泛地栽培和食用。

实训2 象形辣椒

一、原料配备

坯料： 澄粉200g，红辣椒汁150g，青辣椒汁150g。

辅料： 猪油30g。

二、制作过程

1. **调制面坯：** 红辣椒汁倒入不粘锅内加热至沸腾，取一半澄粉倒入，并不断搅拌。在案板上抹上少许猪油，将烫好的粉坯倒在案板上，揉匀揉透至无生粉粒，并用湿布盖好，使用同样的方法用青辣椒汁调制绿色粉坯。
2. **成形：** 将红色粉坯搓成长条，下剂15g/个。取一个剂子，在案板上抹上少许猪油，使用揉、搓、捏的成形手法做成辣椒的形状，取适量绿色粉坯做辣椒的蒂子，并使用面塑工具按压成形。采用同样的方法制作青辣椒生坯。
3. **成熟：** 将生坯放入蒸笼，旺火足汽蒸制5～7min，取出装盘即可。

三、成品特点

形似辣椒，色泽光亮，红绿分明，表面无碎裂现象，口感有韧性，辣味浓郁。

四、制作关键

1. 澄粉粉坯在调制时要用沸水烫，否则成品没有透明感，不爽口，会出现黏牙现象。
2. 澄粉与沸水的比例约为1∶1.5，澄粉或沸水宜一次加入，拌和动作要迅速。
3. 调好的粉坯要用干净的湿布或保鲜膜盖好，防止粉坯干、硬、开裂。
4. 蒸制时间不宜太长，否则会影响成品质量。

五、评价标准

总得分

项次	项目及技术要求	单次配分	得分
1	器皿清洁干净，卫生达标	10	
2	色泽光亮，红绿分明	20	
3	形似辣椒，无碎裂现象	30	
4	口感有韧性，辣味浓郁	30	
5	卫生打扫干净，工具摆放整齐	10	

六、知识拓展

湖南的辣椒融入了湘人饮食生活的方方面面，是湖湘饮食文化的重要组成部分。此款点心因形似辣椒而极具湖湘特色，同时也是技能大赛金牌作品，对于成形技巧要求极高，具有晶莹剔透、细腻柔软、口感嫩滑、观赏性强等特点。

实训3 莲蓉蛋黄月饼

一、原料配备

坯料：面粉200g，糖浆105g，枧水5g，月饼改良剂3g，菜籽油45g。

馅料：莲蓉馅300g，咸蛋黄10个。

辅料：鸡蛋2个，白酒10g。

二、制作过程

1. **备料**：咸蛋黄放入烤盘，喷上白酒去腥静置5min，烤箱温度上火165℃，下火165℃，烘烤5min凉凉；将莲蓉馅分成60g/个，包上咸蛋黄搓圆备用。
2. **调制面坯**：面粉过筛；将糖浆、枧水、月饼改良剂、菜籽油倒入盆中搅拌均匀，加入面粉拌匀成团，包上保鲜膜醒面。
3. **成形**：将面坯搓成长条，下剂30g/个，用手按扁，左手四指托皮，右手大拇指按压馅心，左手虎口部位慢慢将面坯向上推压，收口搓圆，摆放在烤盘中，模具内抹少许菜籽油，用力均匀按压即成月饼生坯。
4. **成熟**：烤箱温度上火200℃，下火160℃，烘烤5min，表面刷上蛋液，再次放入烤箱烘烤15min，再刷一层蛋液，最后烘烤5min，取出装盘即可。

三、成品特点

饼面花纹清晰，饼皮柔软光亮，色泽棕黄或棕红色，颜色均匀，金边白肚，形状平整，香甜可口。

四、制作关键

1. 面坯静置时间不宜过长，否则影响造型。
2. 成形时，双手动作要协调，配合得当。
3. 生坯摆放要注意间隔距离，掌握烘烤的温度与时间，蛋液涂抹要均匀。
4. 月饼烘烤后不要马上食用，需要3～4天回油期，回油期越长月饼越柔软。

五、评价标准

总得分

项次	项目及技术要求	单次配分	得分
1	器皿清洁干净，卫生达标	10	
2	配料准确	20	
3	颜色棕黄或棕红色，颜色均匀，形状平整，金边白肚，饼面花纹清晰，饼皮柔软光亮	30	
4	味道香甜无异味	30	
5	卫生打扫干净，工具摆放整齐	10	

六、知识拓展

月饼是中秋节时令点心。湖南各地民众食用的月饼大致分为两类：一是酥皮月饼，即用酥皮为皮，以伏油、五仁为馅，吃口香酥掉渣，甜香四溢，湖南各地称之为“老月饼”；二是广式月饼，莲蓉蛋黄月饼是其中较为经典的口味。1889年，广州城西有家糕酥馆，店家用莲子熬成莲蓉作酥饼的馅料，清香可口，大受欢迎。之后，这家糕酥馆改名为“连香楼”。1910年，翰林学士陈太吉品尝该店月饼后大加赞赏，但觉“连香”二字不雅，建议改成“莲香”，沿用至今。这种莲蓉馅的饼点已发展为现时的莲蓉蛋黄月饼，是人们在中秋节送礼的佳品，也是人们在中秋之夜不可缺少的食品。

参考文献

［1］ 王庆. 论湘点的工艺特色和湘点文化［J］. 现代食品，2020（08）：42-44+47.

［2］ 王庆. 试论湘点银丝卷的渊源和发展脉络［J］. 现代食品，2020（04）：53-54+63.

［3］ 聂荣华，万里. 湖湘文化通论［M］. 长沙：湖南大学出版社，2005.

［4］ 王驰，刘鸣泰，刘克利. 湖湘文化大观［M］. 长沙：岳麓书社，2003.

［5］ 万里. 湖湘文化大词典［Z］. 长沙：湖南人民出版社，2006.

［6］ 彭子诚. 中国湘菜大典［M］. 北京：中国轻工业出版社，2008.

［7］ 王墨泉. 湘菜本色［M］. 长沙：湖南人民出版社，2013.

［8］ 杜纯梓. 湖湘文化要略［M］. 北京：北京大学出版社，2011.

［9］ 赵幸. 湖湘饮馔史话［M］. 长沙：湖南科学技术出版社，2010.

［10］ 司马迁. 史记［M］. 北京：中华书局，1998.

［11］ 王泗原. 楚辞校释［M］. 北京：中华书局，2015.

［12］ 邱庞同. 中国面点史［M］. 青岛：青岛出版社，2010.

［13］ 谢定源. 中国饮食文化史·长江中游地区卷［M］. 北京：中国轻工业出版社，2013.

［14］（梁）宗懔，撰. 荆楚岁时记［M］.（隋）杜公瞻，注. 姜彦稚，辑校. 北京：中华书局，2018.

［15］ 缪启愉.《食经》《食次》的作者和时代问题［J］. 古今农业. 1996（03）：33-34.

［16］（北朝）贾思勰，撰. 齐名要术译注［M］. 缪启愉，缪桂龙，译注. 上海：上海古籍出版社，2009.

［17］（民国）湖南法制院，编印.（清）湖南调查局，编印. 劳柏林，校点. 湖南民情风俗报告书·湖南商事习惯报告书［M］. 长沙：湖南教育出版社，2010.

［18］ 俞润泉. 话说湖湘饮食［M］. 长沙：湖南科学技术出版社，2006.

［19］ 涂剑秋，蒋万怡. 衡阳餐饮文化集锦［M］. 北京：中国诗词楹联出版社，2015.

[20] 李文卿. 面点工艺学[M]. 北京：高等教育出版社，2003.
[21] 王美. 中式面点工艺[M]. 2版. 北京：中国轻工业版社，2016.
[22] 张力行. 中国湘菜湘点：面点[M]. 长沙：湖南科学技术出版社，2003.